Mind and Cognition 心灵与认知　刘晓力　主编

涉身与认知

探索人类心智的新路径

孟　伟　著

中国科学技术出版社

·北　京·

图书在版编目（CIP）数据

涉身与认知：探索人类心智的新路径 / 孟伟著. --
北京：中国科学技术出版社，2020.4
（心灵与认知 / 刘晓力主编）
ISBN 978-7-5046-8320-5

Ⅰ. ①涉… Ⅱ. ①孟… Ⅲ. ①认知科学－通俗读物
Ⅳ. ①B842.1-49

中国版本图书馆CIP数据核字(2019)第142556号

策划编辑	杨虚杰
责任编辑	汪晓雅
版式设计	金彩恒通
责任校对	焦　宁
责任印制	马宇晨

出　　版	中国科学技术出版社
发　　行	中国科学技术出版社有限公司发行部
地　　址	北京市海淀区中关村南大街16号
邮　　编	100081
发行电话	010-62173865
传　　真	010-62173081
网　　址	http://www.cspbooks.com.cn

开　　本	787mm×1092mm　1/16
字　　数	150 千字
印　　张	10.75
版　　次	2020年4月第1版
印　　次	2020年4月第1次印刷
印　　刷	河北鑫兆源印刷有限公司

| 书　　号 | ISBN 978-7-5046-8320-5/B・53 |
| 定　　价 | 58.00元 |

（凡购买本社图书，如有缺页、倒页、脱页者，本社发行部负责调换）

序　言

集结在"心灵与认知"丛书中的这几本著作是围绕着多年来我们所关注的"涉身性认知（Embodied Cognition）"这一主题展开的，也是我所主持的国家社科基金重大项目"认知科学对当代哲学的挑战"的阶段性成果之一。[①]

今天，随着人工智能、脑科学和生命科学的社会关注度持续升温，由哲学、心理学、语言学、计算机科学、神经科学、人类学和教育学构成的认知科学开始为越来越多的学者知晓，甚至人类意识与机器意识的异同、如何建构有道德的人工智能主体、生命再造与人类未来的伦理主题都已提到哲学家的议事日程。一些学者对于人工智能的失控和反叛表达了审慎的担忧，这些思潮在中国所产生的效应之一，就体现在心灵哲学和认知科学哲学似乎大有成为显学的繁荣之势。随着国际相关文献的激增和媒体对脑科学和人工智能目不暇接新成就的报道，专家与公众的争论热情更是有增无减。这种现象既让人欣慰也令人有些许担忧。学术原本贵在积累，一哄而起的热潮往往来得迅疾退去得也快。显然，对表面现象缺乏理性的争论无法替代真正的学术研究。如何理解人类心智和动物心智、无心的机器能否与人类共同演化为生命3.0版本等问题，还需越出技术的边界，进行心灵和认知的科学与哲学的交叉研究。

与当下心灵哲学人口众多的"繁荣"景象相比，20世纪90年代的中国，除了少数科学家投入认知的经验科学研究，鲜有哲学学者关注这一看似艰深的领地，哲学界知晓认知科学哲学的学生更是凤毛麟角。我本人贸然闯入这个充满诱惑的跨学科领域，要拜博士期间研究哥德尔思想所赐之机缘。撰写博士论文时我关注到，就在图灵提出那个著名天问"机器能思维吗？"一年后的1951年，逻辑学家哥德尔就讨论了"心灵－大脑－计算机"的问题。1961年《心灵》（*Mind*）杂志以"哥德尔不完全性定理能否证明人心胜过计算机"为主题，发起了一场参与者众多的哲学大讨论。正是由此出

---

①重大项目结项的最终成果《认知科学与哲学的双向挑战》2020年由科学出版社出版。

发以及对计算主义的反思，我开始走进心灵哲学和认知科学哲学研究的广阔天地，至今已有20余载。

实际上，从2001年起，我指导的硕士生和博士生除了在科学哲学、科学思想史的方向研究问题外，有2/3的学生集中在心灵哲学和认知科学哲学方向做研究。2001—2005年，我在北京师范大学指导的硕士生的论文选题分别是"行为主义：人类心智探索的一种方法"、"联结主义：认知模拟复杂性探索之路"、"心灵、因果与还原"、"麦克道尔的概念化经验论"和"麦迪的数学自然主义"等。自2006年调入中国人民大学之后，我指导了《论永恒主义》《内容的外在主义与自我知识相容吗？》两篇硕士论文。

另据初步统计，2004—2018年我先后在两所大学招收的博士生关于此方向的论文选题有："涉身认知与涉身心灵"、"自然化认识论批判"、"从语境相关性看人工智能的常识知识表示""机器学习的本质与机器进化"、"简单性：技术复杂性的意向性解释"、"集体意向性研究"、"从己（自我归属）的认知态度"、"基于知觉经验的概念研究"、"从认知的视角看数学证明中的数学解释"、"知觉与行动：功能可见性（Affordance）概率知觉理论"、"行动图示：一种知觉内容理论"、"隐喻本质的认知科学哲学探索"、"从二维语义学论证查莫斯的属性二元论的路径"、"剧场名称理论：从兼容的视角看指称"、"科学模型的本体论说明"、"基于信念分析的一种知觉理论"、"三明治还是共享圈？苏珊·赫利关于行动中的意识理论"、"托诺尼的整合信息论是意识科学的最佳说明吗"、"认知架构的演化"和"认知科学中的机制说明"等。

从这一统计可以看出，论文选题所涉都是心灵与认知哲学的前沿问题，学生撰写论文的难度和其中的艰辛可想而知，论文的学术水准自然也因人而异、参差不齐。所幸这20多篇论文的作者大部分获得国家留学基金或其他基金的资助，或者有过一年至两年在国际一流大学——如哈佛大学（3人）、布朗大学、卡耐基梅隆大学、哥伦比亚大学、罗特格斯大学、北卡罗来纳大学、塔夫兹大学、悉尼大学、爱丁堡大学、哥本哈根大学、中欧大学、霍普学院（2人）——联合培养的学习经历，或者直接攻读海外硕士、博士学位，得以在优质的国际交流环境中受到一流哲学家的教诲，有机会直接接触国际学术的前沿问题研究，也着实弥补了我这位导师由于学识和能力所限在学术指导上的不足。

从另一脉络看，上述每一篇论文可以说都是在我和学生组织的、自2001年以来从未间断过的每周一次的读书班或论文工作坊的交流中酝酿产生的。这些年里，集体阅读文献、探索前沿问题、纵论各种观点、激烈交锋思想，我们这个小小的读书班不仅迎来送往一茬又一茬既有学术热情又有思想的我自己的学生，还吸引了校内外其他硕士生和博士生，甚至一些优秀的本科生也积极参与。在铁打的校园流水的学生年复一年的流转中，竟也逐渐形成了小小的学术共同体。我本人则在与学生的切磋交流和批判性质疑的氛围中，学到了很多新东西并深受教益。

呈现给读者的这几本书，就是从这里走出去的几位青年学者在其博士论文的基础上修改而成的系列研究成果。大致以涉身性认知科学为背景，作者们对当今认知科学哲学发展的多个面向给出了解读，描绘了认知科学研究从传统研究纲领演变到涉身性认知路径的内在逻辑线索，虽不能展现整个领域全貌，却从几番独特的视角，审视了认知科学的发展对于哲学提出的挑战，为理解心灵和认知的本质以及反思传统哲学的观念及方法提供了极有意义的参照。

其中《涉身与认知：探索人类心智的新路径》对于想要了解这一领域的读者是非常易于入门的导引。作者从思想史的角度梳理了认知科学的发展历程、比较涉身认知思想与"认知革命"所倡导的计算－表征经典研究有何内在关联，以及涉身性认知理论奠基其上的哲学观念、科学源流及其核心主张是什么。颇具特色的是，作者特别突出了当代实用主义哲学和现象学对认知科学纲领演进的特殊贡献。

《概念与感知：心灵如何概念化世界》一书反映了近年来认知哲学中关于概念研究的一种新的理论倾向，即有别于传统理性主义进路，从一种经验表征主义立场出发，探究概念的本质和结构以及概念的规范性问题的新尝试，其中重点阐释了新经验主义观念下的概念理论是如何说明知觉经验与概念之间本质关联的。作者还尝试引入"世界－主体－知觉－概念－思想－语言"的结构模型，建构一种基于知觉经验的概念研究框架，具有创见地论证了这一框架的三项基本主张。

《知觉即行动：从哲学概念到机器实现》一书可以说是目前国内关于生态心理学家吉布森提出的功能可见性知觉理论最为系统的哲学考察和拓展研究。正是吉布森的生态心理学成为奠定涉身性认知科学的重要理论基础。作者在扩展功能可见性概念的基础上，将动物和人类一同视作与环境打交道的有目的的行动者，尝试建立一种新的概率知觉理论，说明动物如何凭借知觉，获取当下所处环境中的目标对象的意义，从而采取恰当的应对环境的行动。此书的另一独特贡献是通过贝叶斯方法，尝试把功能可见性这个具有哲学意义的概念真正落实到机器可实现的、作为人工智能行动者行动目标的程序设计中。

《身体与技术：德雷福斯技术现象学思想研究》一书从涉身性视角，对休伯特·德雷福斯的技术哲学做了非常好的诠释。作者追溯了梅洛-庞蒂知觉现象学对于德雷福斯关于涉身性主体掌握熟练技能的认知理论和多领域的哲学工作起到的奠基性作用，并通过运动意向性支配的行为和包含有明确意识引导的行为分析，系统考察了技术和身体的多重关系。在此基础上作者认为，身体即技术，个体的技术不能脱离自我的身体而存在，而人工智能的研究可视为技术摆脱身体的一种尝试。这种涉身性解释框架对于理解实时环境中人类认知和人工智能的演化具有非常大的启发意义。

不夸张地讲，虽然近年来国内一些出版社和科学传播机构已经敏锐地看到认知科学这一跨学科领域广阔的蓝海前景，积极译介国外名家名著，但成系列地出版国内学人相关哲学研究著作者却寥若晨星。因此，在中国还未形成真正意义上的认知科学哲学研究的学术共同体的当下，这套"心灵与认知"哲学丛书的出版，可谓适时而必要。

丛书的出版首先要感谢国家社会科学基金重大项目的支持，感谢各位作者对学术的执着追求和勤勉精进的精神。在此，特别感谢中国科学技术出版社副总编辑杨虚杰的远见卓识和超常的学术敏感性，以及从选题策划到编辑细节亲力亲为的工作风范，还要特别感谢责任编辑的辛勤劳动使这套丛书得以面世。作为丛书主编，我本人对书中的疏漏和错讹之处有着不可推卸的责任，在此由衷地期望读者对其不吝指正。

刘晓力

2019 年 1 月 20 日

目 录

第一章

认知科学简史

认知科学（Cognitive Science）是一门研究人类心灵（mind）的交叉科学。现代认知科学的研究发端于 20 世纪 50 年代的"认知革命"（cognitive revolution）。认知科学已经成为现代学科体制中的一个正式成员，并且其发展已经得到世界各国科技战略的重视。

历史上的心灵研究

西方哲学史上对心灵的科学和哲学研究构成了认知科学前史。正如古德曼（Alvin Goldman）所说："一部哲学史充满了对于心智及其能力和运作的详尽研究。历史上的认识论者涉及的这些能力包括感觉、直觉、理性、想象力，以及主动和被动的理智。他们所研究的认知行动和过程有判断、设想、抽象、内省、综合以及规划等。伦理学家也分享了这种对于心理能力和内容的兴趣，他们研究欲望、意志、激情和情感等。所有这些哲学家都认可：对于哲学的许多分支来说，对心智的正确理解是至关重要的。"[1]

哲学史上的心灵探索

古典时代西方哲学的重点是探究世界本原或本体问题，对心灵的研究是其本体论研究的重要附属部分。

古希腊哲学家柏拉图的《美诺篇》（Meno）对心灵进行了研究，其心灵思想是理念论的重要构成，人的灵魂居于理念世界之中，并且具有认识理念的功能。在《美诺篇》中，柏拉图主张"灵魂不死"，论证了"一切研究、一切学习都只不过是灵魂的回忆"的先验主义认识论思想。此外，柏拉图在《国家篇》中讲述理念论的时候，进一步区分了人的"理性""理智""信念""想象"四种灵魂的认识功能，它们分别具有认识影像、具体事物、数学理念和伦理理念等不同对象层次的功能（参见图 1.1）。

　　亚里士多德在《灵魂论》（De Anima）中也研究了心灵，他主张灵魂是生物体的特有形式，人的心灵则是人这一生物体的特有形式，也就是说对心灵的理解是其质料与形式等自然哲学解释模式的拓展。亚里士多德认为，灵魂既不是如德谟克利特等人所说的精细原子，也不是如柏拉图等人所说的独立于躯体之外的不朽东西，而是"潜在地具有生命的自然物体的形式"。任何一个生命物体都是由作为形式的灵魂和作为质料的肉体结合而成的，无生命物则不具有灵魂。亚里士多德也将生物体的形式称"隐德莱希"（entelechy），它赋予生物有机体以行为的完善性和合目的性。生物灵魂或者生命形式表现为理智、感觉、摄取营养等能力，并且表现为不同等级的灵魂。亚里士多德将灵魂的等级分为三类，最低的等级是植物灵魂或营养灵魂，比植物灵魂高

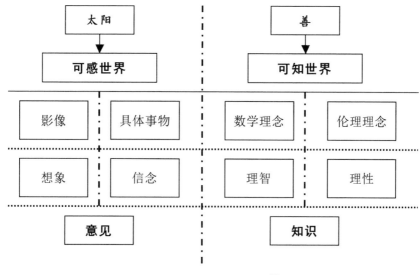

图 1.1　柏拉图的"线喻"[2]

一层次的是动物灵魂或感觉灵魂，而最高的生命形式则是人类灵魂或理智灵魂。人类灵魂除了具有营养灵魂和感觉灵魂的能力之外，还具有推理和思维的高级能力。亚里士多德指出："灵魂中被称为心灵的那个部分（心灵就是灵魂用来进行思维和判断的东西），在尚未思维的时候，实际上是没有任何东西的。由于这个缘故，把它看成与身体混在一起是不合理的：因为如果是这样，那它就会获得某种性质，例如暖与冷，甚至会像感觉机能一样有一个自己的器官。但是，事实上它没有。把灵魂称为'形式的所在地'，是很好的想法。"[3],150-153

近代哲学在认识论转向的大趋势中更为聚焦人类心灵及其认识功能的研究。"现代哲学之父"的笛卡尔明确了"心灵"的实体地位，并且将心身关系问题置于现代哲学的中心地位。笛卡尔通过"我思，故我在"这个哲学第一原理论证了"心灵"实体的存在，并明确指出心灵实体的本质属性是思维。笛卡尔说："可是我究竟是什么东西呢？一个在思想的东西。什么是在思想的东西呢？就是在怀疑、理解、领会、肯定、否定、愿意、不愿意、想象和感觉的东西。"[3],369-370 以思维为本质属性的心灵实体与以广延为本质属性的身体实体完全不同，二者独立存在，彼此互不依赖。笛卡尔的实体二元论奠定了近现代心灵哲学的基础，并使心身关系这一形而上学问题成为西方近现代哲学的重要主题之一。英国哲学家洛克立足经验主义，主张人的心灵中不存在天赋观念，而是一块上面没有任何记号的白板，心灵中后来出现的种种观念都来自经验。洛克在心灵哲学史上还提出了联想主义心理学原理。他指出，通过感觉和反省提供给心灵的都是简单观念，心灵以这些简单观念为材料和基础，通过联想等心理机制构成更为复杂的观念，从而最终形成知识。洛克指出，心灵"一旦储备了这些简单观念，它就能够重复它们，把它们加以比较，甚至于可以用几乎无限多的花样联结它们，因而能够制造新的复杂观念"[3],452 洛克的联想主义原则在心理学中产生了深远影响，也成为现代认知科学中符号表征主义的重要理论源泉之一。

科学史上的心灵探索

  心灵哲学向现代认知科学的转向与心理学学科从哲学中的独立息息相关。心理学学科的独立是在近代科学实证化的发展倾向中产生的，其中德国的心理学家 W. 冯特被视为是近代心理学的创始人。冯特深受洛克经验论思想的影响，主张通过观察和实验来研究包括心理现象在内的客观事物。1879 年，冯特将自然科学的实证主义研究方法引入心理学，建立了世界上第一个心理学实验室，这不仅标志着"实验心理学"的诞生，也标志着心理学作为一门独立学科的创立。为了确立心理学的实证科学地位，冯特主张将心理经验事实作为心理学自身的研究对象，从而与传统形而上学的心灵等思辨对象划清界限。冯特明确指出，"心理学首先要摆脱一切关于灵魂本身的形而上学假说"，并且将心理学对象区别于自然科学研究中从各种主观经验中抽象出的间接经验，把自然科学的实验方法与传统哲学的"内省"方法相结合，将直接经验作为心理学的研究内容，力求在精确控制下获得精确的实验结果。

  与冯特的思想路线不同，信奉实用主义哲学的美国心理学家认同冯特的实验技术，但是却不认同冯特重视个体意识经验的研究路线和主观内省的研究方法，在著名实用主义者詹姆士和杜威的倡导下，他们发展了一条机能主义（functionalism）的心理学研究路线。机能主义主张：心理学的研究重点不应是个体经验本身，而应是意识经验在个体适应环境中所起的作用，即心理的机能意义。机能主义把感觉和意识只是视为有机体适应环境的工具，剥夺了其单纯的认识功能。正是在机能主义的基础上，美国心理学家开始用行为来代替意识的功能并以此作为心理学研究对象，从而从机能主义过渡到行为主义（behaviorism）心理学。例如，原为机能学派成员的华生（John Watson）后来抛弃了对于"不可捉摸和不可接近的"心理现象的研究，而代之以对个体行为反应的完全客观化研究，这也宣告了行为主义心理学的创立。在行为主义者看来，只有人的行为，也包括动物的行为才是心理学研究的真正对象；人的心理则是不可捉摸的或者说不具有客观性。行为主义者们在心理研究中淡化了对主观意识现象的关注，聚焦于刺激和反应之间的可见的行为联系。也就是说，"心理学研究的目的是确定这样的论据和规律，即给予刺激，就能够预测会引起什么样的反应；或相反，给予反应，就能够详细说明有效刺激的性质"[4]。在华生看来，语言、思维等人类意识现象都不过是一种外显的行为，不存在内在的语言和思维意识现象；在心身关系问题上，他主张一种完全否认心理（或意识）内在活动的外在物质一元论。这种对内在心理和意识现象的否定受到现代哲学与科学的质疑，因此，对行为主义的质疑和批判成为现代认知科学兴起的一个直接原因。

"认知革命"与现代认知科学的兴起

认知革命

现代认知科学及其相应的心灵哲学研究发端于 20 世纪中期的"认知革命"（cognitive revolution）。

这场"认知革命"普遍反对行为主义与内省主义（introspectionism）的心理学研究，在肯定意识和心理现象自主存在的前提下，主张用现代控制论的模型来建构和研究人类心理现象。以华生、斯金纳（B. Skinner）等为代表的行为主义主张不存在内在心理活动，只存在可观察的外部行为刺激；而以威廉·詹姆士等为代表的内省主义则主张存在内在心理活动，但是这种心理活动不能客观分析，而只能通过内省或体验才能把握。"认知革命"中的认知科学家们不赞同上述两种观点，他们在现代控制论以及现代数字计算机科学理论的影响下，批判了行为主义与直觉主义对心理活动的理解。一方面，这场"认知革命"认可存在内在的心理现象，另一方面，主张通过现代控制论等方法来实现对心理现象的研究和把握。例如，作为现代"认知革命"中的重要代表人物，美国语言学家乔姆斯基（Noam Chomsky）在 1959 年一篇评论斯金纳《言语行为》（*Verbal Behavior*）著名文章中，批判了支配心理学界的行为主义思想，即利用刺激 – 反应模式来解释心理状态并且反对存在心理表征等内在心理状态的思想。与行为主义者相反，乔姆斯基的生成语法理论（generative grammar）恰恰肯定了人类存在内在语言规则及其运用能力。他明确指出，为了解释语言等心理现象，需要肯定内在表征（internal representation）及其基础的存在。[5] 心理学家品克（Steven Pinker）在《白纸一张》（*The Blank Slate*）一书中也概括了"认知革命"的主张，即与行为主义等不同的现代认知科学的理论主张。一是与行为主义的刺激 – 反馈机制不同，现代认知科学通过信息、计算和反馈等概念，主张心理世界可以植根于物理世界；二是大脑不是如行为主义所设想的那样是一张白板，因为白板不能做任何事情；三是大脑中有限的组合程序资源可以产生无数种行为模式；四是在不同文化中的人类存在普遍的心理机制；五是大脑是一个复杂的系统，它由许多互相影响的部分构成。[6] 品克的哲学主张基本上概括了现代认知科学与行为主义等心理学研究的不同，并且涵盖了现代认知科学中经典认知框架的基本思想。

认知科学的兴起

认知科学的概念首见于希金斯（Christopher Longuet-Higgins）在 1973 年发表的一篇针对《莱特希尔人工智能发展报告》的评论中 [7]。1977 年，《认知科学》（*Cognitive Science*）杂志的创刊，使认知科学的名称得到正式使用。1979 年，认知科学学会（Cognitive Science Society）成立，其创始成员来自心理学、语言学、计算机科学和哲学等领域，认知科学有了自身的学术团体和初步社会建制。1982 年，美国的瓦萨学院（Vassar College）成为世界上首个授予认知科学学士学位的学院。

1986 年，美国加利福尼亚大学圣迭戈分校成立世界上第一个认知科学系（Cognitive Science Department）。这些事件标志着作为正式学科建制的认知科学的产生和正常发展。

目前，认知科学在当代科学技术发展中已经具有了公认的重要战略地位，世界上许多国家已经开始将认知科学提高到科技发展的战略高度加以规划。20 世纪 90 年代，日本与美国等分别启动了脑科学的研究计划。21 世纪初，美国国家科学基金会和美国商务部等部门共同资助了一个以认知科学为主干的"聚合四大技术（Nano-Bio-Info-Cogno）（参见图 1.2）、提高人类能力"（Convergent Technology for Improving Human Performance）的研究计划。在 2006 年 1 月发布的《国家中长

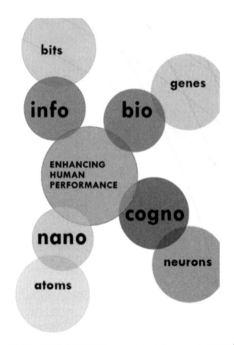

图 1.2 四大技术（NBIC, nano-bio-info-cogno）的聚合①

————————

① 2001 年 12 月，美国商务部技术管理局、国家科学基金会（NSF）、国家科学技术委员会纳米科学工程与技术分委会（NSTC－NSEC）在华盛顿召开"会聚四大技术，提升人类能力"研讨会并首次提出"NBIC 会聚技术"的概念。这次会议上提出的"会聚技术"（Converging Technologies）指四个迅速发展的科学技术领域的协同和融合，即纳米科技、生物技术、信息技术、认知科学，其英文缩写为 Nano-Bio-Info-Cogno，简称 NBIC。与会专家取得共识：以上四个领域的技术都在迅速发展，每一个领域都潜力巨大，而且其中任何技术的两两融合、三种会聚或者四者集成都将产生难以估量的效能。

期科学和技术发展规划纲要（2006—2020）》中，我国政府也将"脑科学与认知科学"列为基础研究中八大科学前沿领域之一。2013年4月2日，时任美国总统奥巴马宣布启动名为"通过推动创新型神经技术开展大脑研究（Brain Research through Advancing Innovative Neurotechnologies）"计划，简称为"脑科学研究计划"（BRAIN），其研究规模堪比人类基因组计划。

认知科学的交叉性

认知科学是一门由多个学科组成的交叉科学。1978年的斯隆基金会报告（Sloan Foundation Report）给出了一个为大多人所接受的反映认知科学构成学科交叉关系的"认知六边形"，提出心理学、语言学、计算机科学（人工智能）、人类学、神经科学（包括脑科学）以及哲学六门科学是认知科学的主干构成学科。[8], 7

从图1.3中可以看出，组成认知科学的六个组成学科领域中的每一个都通过跨学

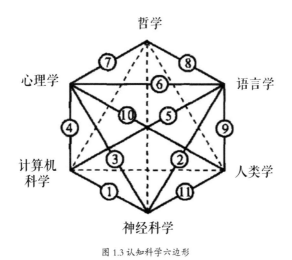

图 1.3 认知科学六边形

科动态网络同其他领域连接在一起，其中，每一条实线代表一门已经明确定义并且建立起来的专业化跨学科研究领域，包括：①控制论；②神经语言学；③神经心理学；④认知程序模拟；⑤计算语言学；⑥心理语言学；⑦心理哲学；⑧语言哲学；⑨人类语言学；⑩认知人类学；⑪大脑进化理论。虚线标示的学科之间的联系是没被学术界正式认可的专门研究领域。认知科学学会在学会的会标中，同时《认知科学》杂志在副标题中，则将人类学、人工智能、教育学、语言学、神经科学、哲学、心理学七门学科视为认知科学的组成学科。上述情况表明，人们对于认知科学是一门交叉性科学已经具有了共识，至于认知科学涉及哪些学科之间的交叉，其认识是动态性发展的。此外，在认知科学作为交叉科学的理解上，一般人们还接受了一种整体性多学科观念（the holist conception of multidisciplinarity），即主张认知科学是一种通过共同的研究纲领连接起来的认知科学多学科形态。[9] 表征 – 计算主义（representation–computationalism）研究纲领尤其是被主流认知科学家视为认知科学的研究纲领，也是实现对认知科学交叉学科有机整合的关键所在。

认知科学的经典研究传统

"认知革命"及其发展最终体现为两种经典的研究进路或者传统。一是通过大脑神经网络的模拟来研究心灵及其认知功能。20 世纪中期的马西研讨会（Macy Conference）①发起并大大推动了这一经典研究进路，此外，诸如麦克洛赫（Warren McCulloch）和皮茨（Walter Pitts）等提出了模拟生物学意义上大脑神经网络的思想并初步设计了人工神经网络的计算模型。二是通过数字计算机来模拟心理状态，将心理活动视为基于符号表征的计算活动。这一进路基于 20 世纪四五十年代控制论与

---

①这是一个以马西基金会为主资助举办的交叉科学讨论会，在 1946—1953 年麦克洛赫主持以控制论为主题系列学术讨论会议，参与者包括计算机科学家、数学家、心理学家、精神病学家和人类学家等，这些会议推动了神经网络模型模拟心灵的研究进路，可以说形成了认知革命中的"马西研讨会传统"。

计算机科学的发展，诺伊曼（John von Neumann）和图灵（Alan Turing）提出了关于心灵的数字计算机隐喻的思想，并推动了认知革命中符号加工理论的发展。在这一进路的形成和发展过程中，达特茅斯研讨会（Dartmouth Conference）[①]发挥了关键作用。

"达特茅斯研讨会" 传统

认知革命中的"达特茅斯研讨会传统"形成了通过信息加工来理解认知的理论共识，即认知的信息加工理论（Information Processing Cogniton，IPC），这一理论也称认知科学中的认知主义（cognitivism）或者符号主义（symbolicism）的研究进路，其目的是将人类的认知活动理解为一种基于符号表征的信息加工活动，并以符号表征的模型来建构认知活动，即倡导表征 – 计算主义研究纲领，通过符号表征的计算活动来理解和实现认知活动。认知的信息加工理论将认知等同于计算机计算活动，体现了一种心灵的数字计算机隐喻。哈内什（Robert Harnish）这样概括了信息加工认知理论的基本思想：认识活动被理解为具有内容的心理表征之间的计算关系；认识过程是针对具有内容的心理表征的计算活动；计算构架和表征都是数字式的。鉴于此，信息加工认知理论在哲学层面上也被称为一种数字计算心灵理论（the Digital Computational Theory of Mind，简称 DCTM）。[8], 190

信息加工理论后来在强人工智能的名义下受到一些认知科学哲学家的强烈批判。例如，哲学家塞尔（John Searle）为此构想了著名的"汉语屋"理想试验[②]，尤其重点指出信息加工理论的认知科学研究没有触及人的心理过程，从而向数字计算心灵理

---

① 1956 年麻省理工学院举办的为期 1 个多月的"关于人工智能的达特茅斯夏季研究计划"（Dartmouth Summer Research Project on Artificial Intelligence），参加这次研讨会的有西蒙（Herbert Simon）、乔姆斯基、明斯基（Marvin Minsky）以及麦卡锡（John McCarthy）等人，他们在这次研讨会上达成了这样的思想共识，即人类认知应当被理解为基于规则的符号表征计算活动，这极大地推动了数字计算机模拟人类心灵的研究进路，也姑且说形成了认知革命中的"达特茅斯传统"。

② "汉语屋"（Chinese room）是塞尔为反驳基于信息加工理论的强人工智能立场而提出的一个假想实验，该实验试图回答：如果一个人能够按照字典正确翻译中文，那么这个人真正懂得中文的意义吗？具体来说，在这个思想实验中，塞尔假定自己在一个屋子中，屋子外面的人将中文写在便条上从门缝下塞进来，他可以通过执行一些语言规则（例如查字典）给屋子外面的人一个看上去合理的回复，但是问题在于塞尔真的懂中文吗？塞尔指出："按照强人工智能的观点，被赋予恰当程序的计算机具有认知的能力，但事实上，无论表现的多么智能，计算机都不具有'思维'或者说'理解力'"。

论发起了挑战。塞尔指出："计算机具有的是一种语法，而不是语义。'汉语屋子'这个比喻的全部用意就在于提醒我们注意到一个为我们所熟知的事实。要理解一种语言，以至要完全具有心理状态，就要具备比仅仅一套形式符号更多的东西，就要具备一种释义，或者说那些符号都要有意义。"[10]

"马西研讨会"传统

如果说信息加工的认知科学理论立足于"达特茅斯研讨会传统"，那么大脑神经网络模拟的联结主义（Connectionism）认知科学研究则可以视为一种"马西研讨会传统"。联结主义放弃了数字计算机的心灵隐喻，在认知革命中这一进路采纳了大脑神经网络模拟的心灵隐喻。这是一种不同于认知主义的大脑联结主义的认知观（Brain Connectionist Cogniton，BCC），其基本思想是将人类认知活动理解为大脑神经网络生理系统的某种突现。

联结主义的基本思想开始于 1943 年神经生理学家兼精神病学家麦克洛赫和数学家皮茨发表的题为"神经活动内在概念的逻辑演算"的文章。二人在这篇文章中提出：逻辑能够应用于理解大脑活动和精神现象；大脑的物理生理组成或者说神经元活动能够体现逻辑规则。英国苏塞克斯大学认知科学教授博登（Margaret Boden）认为，麦克洛赫和皮茨的这篇文章虽然"具有臆想的成分"，但是已经表达了联结主义的思想。1949 年，神经网络理论之父赫伯（Donald Hebb）提出"赫伯规则"。在《行为的组织：一种神经心理学理论》（*The Organization of Behavior: A Neuropsychological Theory*）一书中，赫伯指出，当一个细胞 A 的轴突足够近去刺激细胞 B，并且不断地重复和持续激活它，某些增长活动或者新陈代谢的变化就会在这两个细胞或者其中之一中发生，从而在激活细胞 B 的时候导致细胞 A 的效率增加。简答地说，赫伯规则意味着"一起放电的神经元将会串联在一起"，或者说，神经元细胞的相互刺激将会自发导致了神经元细胞的共生学习活动。赫伯的思想为联结主义奠定了神经科学的理论基础。20 世纪 80 年代，联结主义普遍受到认知科学哲学界的重视，并且产生了一些重要的研究成果。其中具有广泛影响的研究是美国斯坦福大学认知科学教授鲁梅哈特（David Rumelhart）、美国斯坦福大学心理学系教授麦克莱兰（James McClelland）和加拿大多伦多大学计算机科学系教授欣顿（Geoffrey Hinton）等人提出的基于神经网络的并行式分布处理（Parallel Distributed Processing，PDP）研究。与数字计算机式的信息加工理论相比，联结主义的特点主要体现在表征联系方式上，即认知主义的逻辑规则为联结主义的神经元联结规则所取代，因此，联结主义在哲学层面上也被概括为一种联结主义计算心灵理论（connectionist computational theory of mind，简称 CCTM）。按照哈内什的概括，联结主义的基本思想有：与认知主义类似，认识活动依然被理解为具有内容的心理表征之间的计算关系；与认知主义类似，认识过程依然是针对具有内容的心理表征的计算活动；与认知主义不同，计算构架和表征都是基于大脑神经元共联的联结主义式的。[8], 331

基于信息加工理论的认知主义研究一度支配了人工智能等认知科学研究，在与认知主义的竞争中，联结主义研究的确克服了信息加工理论面临的一些困难，因而自 20 世纪 80 年代以来一度成为认知科学研究中的宠儿。但是，在一些认知科学哲学家看来，联结主义通过大脑模拟来理解人类智能的做法并不完美，例如德雷福斯就提出了许多质疑。第一，德雷福斯指出，联结主义试图建立一个与人类大脑进化成的生物网络充分相像的相互作用的人工网络，这一做法过于困难，甚至根本不可能；第二，按照联结主义的思路，神经网络建模者需要为神经网络的信息输入和输出配置相应的概括能力，但是，如果这一网络出现意外的联想，这还是不是概括？结果只能是，这种概括依然只能按照设计者的条款进行，从而不能实现智能的自主性；第三，如果神经网络就意味着智能，那么，它不仅要求一个和我们一样的大脑，还必须具有与相应环境互动的能力，必须具有"一个人类式的躯体，该躯体能做恰当的物理运动、具有种种能力，也易受伤害"[11], 450–451，否则的话，所设计的神经网络距离产生自然智能就依然遥远。

第二章

涉身认知概览

基于对认知主义和联结主义等经典认知科学研究框架的反思，也基于对经典认知研究的"表征 – 计算主义"主流研究纲领的反思，自 20 世纪 90 年代，当代认知科学研究中开始正式出现一种新的研究框架——涉身认知（Embodied Cogniton，EC）。涉身认知科学的研究框架更为注重将大脑神经生理活动和社会文化情境等生物学、社会学因素纳入认知理解之中。在与经典认知科学研究的理论竞争中，一方面人们体现了一种对经典认知补充和修正的立场，例如萨伽德（Paul Thagard）提出"生物学 – 社会学的对心智的计算 – 表征理解"[12] 的修正研究纲领；另一方面，出现了限制表征 – 计算主义纲领的应用范围，主张这一经典认知纲领适用于抽象思维领域而非感知觉活动的温和主义的质疑路线，同时，也出现了全面颠覆经典认知及其表征 – 计算主义研究纲领的"非表征 – 计算"的激进路线。上述情况表明，涉身认知已经无可置疑地成长为当代认知科学中不能侧视的成型研究框架，但是，这也表明涉身认知的研究框架仍然处于一种整合和发展过程中。

涉身性的哲学理念

涉身性（embodiment）是一个哲学概念，涉身认知的科学研究思想与涉身性的哲学理念有着密切的关联。

在现代哲学家看来，涉身性的哲学理念与法国现象学家梅洛 – 庞蒂的哲学思想有着更为直接的关联。例如，在《剑桥哲学辞典》中，涉身性被指为"人类主体性的身体维度"，并且进一步指出，"涉身性是欧洲现象学中的一个核心问题，梅洛 – 庞蒂的著作对此讨论的最为充分。梅洛 – 庞蒂通过区分客观身体和现象身体来解释涉身性，前者是作为生理实体的身体，而后者并不仅仅是某种生理身体，而是我或者你体验到的我的身体或者你的身体。当然，我们也可能把自己的身体体验为一种生理实体。但是，这并不是典型的情况。一般来说，我把我的身体（无意识地）体验为诸如打字、抓痒等行为的一种整体能力。此外，我们对于自身运动能力（表现为一种身体性确认）的感觉，并不依赖于对参与行为的生理活动的理解。客观身体和现象身体的区分，是理解现象学涉身性思想的核心。把身体理解为生理实体，这不是涉身性的思想。相反，涉身性指的是现象身体以及现象身体在我们直面对象的体验中的作用"[13]。另一部权威工具书《西方哲学英汉对照辞典》也明确了梅洛－庞蒂的现象学思想与涉身性思想的关联。在这部书中，涉身性概念被翻译为"有壳"，涉身性的内涵则做出了如下界定。"心的状态或灵魂的状态产生于（caused by）或者同一于（identical with）身体状态。对比而言，无壳（disembodiment）则是在身体消亡后的人的存在。对唯物主义者来说，人只能以有壳的方式存在。在心灵哲学中，有壳产生了一个问题，即意识是如何以更为普遍的方式与大脑状态和物理世界相关。如果意识状态因果决定于物理状态，那么物理状态如何产生意识状态，我们还不清楚。由于存在着许多困难因素，我们很难回答：为什么这些意识状态如此不同于产生它们的物理状态。有壳的另外一层含义与法国现象学家梅洛－庞蒂密切相关，梅洛－庞蒂区分了作为生理实在的客观身体，和作为自身体验到的身体的现象身体。梅洛－庞蒂认为，这些体验就是关于有壳的体验。'有壳，就是这样一个难题，即：意识是如何与物理世界相关的，特别是如何与身体相关的'。"[14] 可见，上述辞典虽然对涉身性的解释有所不同，但是都赞同涉身性思想与梅洛－庞蒂现象学的关联，同时也都指出了涉身性更主要涉及认知与身体性体验的关系。哲学家维斯（G.Weiss）和哈伯（H.Haber）则进一步将涉身性拓展为人类的身体性社会存在方式，"'身体'概念遭到质疑并且被'涉身性'概念取代了。概念的变化对应着一种思想的转变，即不再把身体作为在知觉、认识、行动以及自然中起到关键作用的一种无性别区分的、体验的现象，而是把身体看作一种通过随文化而变化的身体在环境中生活和栖息的方式"[15]，XIV。哲学家索达斯（Thomas Csordas）的解释则更为全面，即将涉身性理解为身体体验及其社会存在与人类认知与文化的关系，"如果涉身性意味着一种生存条件，其中身体是体验的主体性根源和交互主体性的基础，那么，我们对于涉身性的研究本质上就不是'关于'身体的。相反，就文化和体验能够从在世之身体性存在（bodily being-in-the-world）得到理解而言，我们的研究是关于文化和体验的"[15]，143。

综合西方哲学对于涉身性哲学理念的看法，涉身性应当包含着以下几个方面的内容。第一，涉身性总体上指向一种基于身体的对人类智能的物理主义解释；第二，涉身性不是单纯指生理身体，而是更多指一种现象学传统中的现象身体或者说基于身体的主观体验；第三，涉身性理念还可以进一步拓展为人类的一种身体性存在；第四，涉身性的理念可以被用于解释人类智能及其文化，并且这种解释应当区别于传统理性主义的哲学解释。西方哲学中的涉身性思想总体上可以视为西方非理性哲学传统的一个构成部分，进而也可能将非理性哲学统摄为一种涉身性的哲学传统，并且由此可能对整个西方哲学做出涉身哲学与非涉身哲学的划分。

哲学史上的涉身哲学传统为现代涉身认知科学哲学研究提供了思想基础。现代的涉身认知科学哲学不同于基于生理身体的旧行为主义研究，例如将感觉视为眼睛这一生理身体的功能的传统解释，而是力图将基于体验性的现象身体作为认知活动主体加以研究，并且试图探索这种现象身体的各种物理主义具体表现形式。例如，国内学者在涉身性与涉身认知的概念理解上就体现出了这一思路。一方面，国内学者在embodied cognition 与 embodiment 上译名虽有不同，例如 embodied cognition 译为涉身认知、具身认知等，embodiment 则译为涉身性、具身化、体知合一或体塑化①等，另一方面，在涉身性的内涵上则强调"心寓于身"，从具体身体、感官运动系统、身体的情境性等不同方面去呈现现象身体。总体上，涉身认知的科学研究未必完全遵

---

① 上述译名可分别参见，刘晓力的"交互隐喻与涉身哲学——认知科学新进路的哲学基础"（《哲学研究》2005 年第 10 期）、李恒威与肖家燕的"认知的具身观"（《自然辩证法通讯》2006 年第 1 期）、成素梅的"技能性知识与体知合一的认识论"（《哲学研究》2011 年第 6 期）与冯晓虎的"论莱柯夫术语'Embodiment'译名"（《同济大学学报》2010 年第 1 期）。

循涉身性的哲学理念，但是涉身性的哲学理念的确为涉身认知科学研究提供了以下几个方面的思想启示：第一，人类智能或知识有着身体体验层面的因果关联，并不是决定于某种抽象理性能力；第二，人类智能的身体主体不是单纯追求某种身体器官的生理解释，而是力图通过现象身体，即身体、运动和情境的耦合作用来诠释人类智能；第三，基于身体主体对人类智能的解释不可避免要考虑与自然情境与社会文化情境的关系，因为只有在情境中才会产生身体的体验。总体上，涉身认知科学正是在这些思想的启示下推进对于智能的研究。

涉身认知的科学源流

作为一种理解人类认知和智能的理论，涉身认知有其科学史上的渊源。19世纪末和20世纪初，心理学与生物学等研究领域中就已经出现了涉身认知的科学思想萌芽。美国心理学家詹姆士（William James）在《心理学原理》一书中表述了身体活动在认识活动中具有重要作用的思想。德国生物学家乌克斯库尔（von Uexküll）在20世纪初提出知觉系统以及被知觉的环境随着不同生物体的身体设计而变化。20世纪上半叶的语言学家维果茨基（Lev Vygotsky）提出"高级水平的思维活动是人类最初的身体活动（感知运动）的内化（internalization）"的思想。但是，作为一种成熟的认知科学理论研究范式，人们一般将其视为20世纪七八十年代以来哲学与科学发展的产物。

皮亚杰的发生认识论

20世纪70年代，儿童心理学皮亚杰（Jean Piaget）的发生认识论展现了倾向于涉身认知的思想。在皮亚杰看来，人类认识过程既不应被看作一个观察经验不断积累的经验主义过程，同时也不应被看作先验认知结构构造外部事物的理性主义过程。在发生认识论看来，认识的发生过程应被看作一个基于主体图式与客观对象间连续不断同化与适应的建构主义的过程。在皮亚杰看来，这个主体图式本质上是一种"行为图式"（schemes of action），也就是一种实践意义上的图式。最初的这种行为图式存在于身体的感官运动阶段（相应于儿童 2 岁之前），而在儿童 2 岁之后，行为图式才逐渐产生出了概念化的行为图式，直到 11–12 岁之后，纯粹的概念图式（假设 – 演绎的命题逻辑）才最终形成。立足于这种概念和语言的建构主义立场，皮亚杰特别批判了乔姆斯基的"天赋固有核"（innate fixed nucleus）的先验主义语言学假设。皮亚杰指出："如果我们不是在天生的意义上，而是在基于感官运动智能（sensorimotor intelligence）建构的意义上，我们就可以接受'天赋固有核'的假设；感官运动智能先于语言，并且来自决定语言后成（epigenesis）的有机体和行为自组织。通过感官运动智能，我们得到的是一种对于固有核的非天生的解释，这种解释已经为布朗（Brown）、莱恩博格（Lenneberg）以及麦克尼尔（David McNeill）所接受。"[16] 这种基于感官运动智能对乔姆斯基先验主义语言思想的挑战暗合了涉身认知的语言学新思想。

【小资料】皮亚杰与乔姆斯基的争论

1975 年 10 月，在法国若约芒（Royaumont）举行的一场辩论中，作为辩论会主角的皮亚杰和乔姆斯基从语言机制和语言习得（acquisition）的角度讨论了人类知识的来源问题，西方学术界将这一问题概括为"自然—使然"（Nature—Nurtrure）问题。"自然"指人的天性或者先天因素更重要，"使然"指语言知识由后天环境所造成等。

皮亚杰认为，人的智力—心理发展具有阶段性。儿童的出生以后在两岁之前的

"感觉运动阶段"（sensorimotor period），首先获得动作的逻辑，渐渐发展出事物之间的次序、空间维数、事物的恒在性、因果性等知识。在两岁到七岁之间的"前运算阶段"（preoperational period），儿童将动作概念化，开始语言和符号思维。到了七岁至十岁"具体运算阶段"（concrete operational period），儿童能够开始进行具体的运算。最后，从十一或十二岁开始的"形式运算阶段"（formal operational period），儿童开始形成假设—演绎能力。皮亚杰认为，新知识的获得是儿童和环境之间的同化（assimilation）、适应的结果。同化是有机体把外界元素，把客观事物的结构变为内在结构的整合作用。语言知识也是如此而来。可见，皮亚杰主张"使然论"。由于他认为人的知识是主体和环境互相作用并逐步形成的，所以又称为"建构论"（constructionism）。

乔姆斯基主张人类生来就有抽象的语言核心知识，这种知识由基因决定。核心知识在环境中"成长"为具体的语言知识。乔姆斯基表示，语言习得过程的有些当然与其他认知系统有关。问题是，日内瓦学派有些人认为语言的全部都必须与其他认知系统有关，因此也就不承认有不受其他认知系统影响的先天的"核心"。乔姆斯基认为，用"感觉运动智能"无法解释语言核心。他举了几个例子来说明语言核心远比"感觉运动智能"复杂。

皮亚杰的学生英海尔德（B.Inhelder）试图调和两种观点，她指出，发生认识论和生成语法理论的共同点都是反对经验主义的。本是同根生，相煎何太急？难道不是乔姆斯基的"评斯金纳的《言语行为》"一文，一下子让行为主义心理学一蹶不振？难道不是皮亚杰几十年的论战，给了逻辑经验主义致命一击？

福多（Jerry Fodor）则坚决反对这种调和，指出概念根本无法"学到"，无法"创造"；概念是遗传上"预成"的，只不过经验或环境使其中一部分成为可及、可用罢了。

这次辩论，正如著名认知心理学家加德纳（Howard Gardner）教授后来所说的，是一次探索，而不是作一个结论。其实，对这样一个艰深的题目，谁也没有去追求得出结论，或者"昏"到企图用自己的理论去"压倒"对方。在会上，辩论的双方，都表示对对方的理论感兴趣。乔姆斯基得到了生物学家的支持，因为生物学家们认为，皮亚杰的理论与分子生物学时代的进化论不符，而皮亚杰本人，一直对达尔文主义有所保留。皮亚杰学说则较受心理学家和人工智能专家的赞同。

（参见吴道平："自然？使然？皮亚杰与乔姆斯基的一场辩论"，《读书》1995年第12期，第88—96页。）

吉布森的生态主义知觉观

美国心理学家吉布森（James Gibson）1979年出版的《视知觉的生态学进路》一书被视为表述涉身认知思想的代表性科学文本之一。吉布森在心理学研究主张用知觉的生态心理学（ecological psychology）研究来取代二元论哲学框架下的传统信息加工的知觉理论研究。相比较信息加工的传统知觉理论，生态心理学更加重视知觉过程中的身体运动与生态情境密切相关的基础性作用。在生态心理学的知觉理论中，吉布森提出了可供性（affordance）概念来表达动物知觉过程中身体与环境之间交互的重要作用。吉布森说："我用可供性来说明既指向环境又指向动物的状态，而这种状态没有合适的现成词语。可供性则指出了动物和环境之间的互补的状态。"[17] 生态主义心理学家李和兰迪斯（Lee and Reddish）等人深入探讨了吉布森的理论。他们指出，塘鹅能够在冲入水中抓鱼的瞬间准确地合拢翅膀，由于在视觉阵列中存在着一种高级的常量因素来控制塘鹅合拢翅膀，因此这些行动是可能的。这同样也可以用来解释人类运动中的一些能力，例如，棒球选手可以准确地接住飞行的球。信息加工进路的认知科学研究通常认为，理解这类行为需要复杂的表征计算，例如要考虑运动轨迹、加速度和距离等。然而，知觉的生态主义进路研究则表明，不需要如此复杂的计算就可以说明这类行为。例如，接球的运动员不断地调整它的跑动，从而球的运行轨迹不必视为一种曲线，相反，球的运行在运动员的视觉场中可以表现为一种直线运行，通过维持这种策略，运动员可以保证在恰当的时间和恰当的地点接到飞行的球。在此，存在着两种不同的知觉模型：一是信息加工理论的知觉模型，其中大脑实施了一种复杂信息计算来指导身体的运动，这是一个知觉、计算和行动的线性过程；二是涉身认知的知觉模型，其中接球的任务没有通过提前的计算活动，而是通过不断的实时调整去维持一种内在与外在世界之间的协调，这种协调动力学展现了一种更为经济的策略，即首先不是表征外部世界并且在此基础上进行推理，而是维持主体与外部世界之间的一种适应性的平衡。[18]

【小资料】关于 affordances（可供性）

affordance 也译为动允性、示能性、机缘，是美国心理学家吉布森（James Gibson）最早提出的概念，其义是指，人知觉到的事物内容，是此事物提供给人的一种行为可能，而不是客观展现的事物性质，而事物提供这种行为可能与相应的行为发生之间的共生状态就被称为可供性。1998 年，认知心理学家、苹果电脑公司设计者之一的唐纳德·诺曼（Donald Norman）将可供性的概念运用到人机交互领域。

吉布森举例子距离解释可供性：如果一块地，其表面接近水平（而不是倾斜的），接近平整的（而不是凸起或凹陷的），以及充分延伸的（与动物的尺寸相关），表面的物质是坚硬的（与动物的重量相关），那么这块地是可以站上去的（stand-on-able），是可以行走（walk-on-able）和跑动（run-over-able）的，它不像水表面或沼泽表面之于一定重量的动物那样是可陷入的（sink-into-able）。这里所列出的属性——水平、平整、延伸和坚硬——它们是这个表面的物理属性，但是仅当它们与动物相关联的时候，才表现为动物的可供性，此时的这些属性不是抽象的物理属性，而是为所指动物特定的，与动物的姿势和行为相关的。威廉姆·沃伦（William H. Warren）举了一个与人相关的例子——爬楼梯：同样高度的楼梯，对于成年人来说，楼梯有着供其爬上去的功能可供性；然而，对于只会在地上爬的婴儿来说，这种功能可供性并不存在。

可见，Affordance 既不像物理属性那样是一种客观属性，也不像价值和意义那样是一种主观属性，它看上去又是既主观又客观。例如上述楼梯，相对于成年人或者说正常使用者而言是"可供爬上去的"，它看起来是客观的，不随人的意志而改变（总是"可供爬上去的"），但它又是主观的，如果没有正常使用者的存在，"可供爬上去的"就会因为没有对象而失去存在的逻辑。吉布森就此认为，Affordance 跨越了主观和客观的二分法，它同时指向主体与环境的交互。

德雷福斯的现象学认知思想

德雷福斯（Hubert Dreyfus）也被称为人工智能领域的"牛虻"，是一个在认知科学研究中践行哲学反思功能的标志性人物。在涉身认知的发展过程中，作为一个现象学家，德雷福斯对信息加工认知理论和联结主义等经典认知理论进行了哲学反思与批判，同时，借助于海德格尔、梅洛-庞蒂等现象学哲学资源，德雷福斯设想了涉身认知的新智能观。

德雷福斯对信息加工和联结主义认知观进行了深刻反思批判，敏锐指出了存在于两者背后的、有待质疑的哲学假设。这些假设包括：一是生物学假设，即大脑的神经元活动等价于物理系统开关的闭合与断开；二是心理学假设，即大脑的"内部"存在着一个信息加工过程或者说"第三人称"的加工过程；三是认识论假设，即一切知识都可以形式化；四是本体论假设，即世界被视为由与环境无关的原子事实组成。德雷福斯指出，这些假设的共同之处在于，它们都认为"人一定是一种可按规则对取原子事实形式的数据做计算的装置"[19]。这些理论假设都是难以证实的，尤其是这些假设的核心主张更是面临挑战。在德雷福斯看来，依据这些理论假设的信息加工理论与联结主义理论都过于重视表征－计算，从而忽略了其他对于理解人类智能来说更为重要的因素。例如，经典认知都忽略了智能对于身体与情境因素的依赖，尤其是信息加工认知理论与联结主义研究都"不涉及心理过程，而是涉及心理过程的神经实现方式"[11], 22。

对经典认知理论的质疑相应要求建构一种新的智能观。立足海德格尔、梅洛－庞蒂等现象学哲学思想，德雷福斯表述了无表征智能的思想或者说一种涉身智能观，并且尝试结合神经科学的研究成果对这一论题加以辩护。

【小资料】专家级别的开车——德雷福斯关于无表征智能的讨论

关于何种智能是无表征的？德雷福斯特别考察了成人学习熟练技能的智能行为，指出诸如成人获得熟练开车过程等技能行为是无表征的。德雷福斯概括了成人通过指导获得熟练开车技能的一般过程，即新手（Novice）、提高（Advanced Beginner）、攻坚（Competence）、熟练（Proficiency）、专家（Expertise）五个阶段。在新手阶段，老师将要学习的技能转化成脱离情境的规则，新手要努力记住老师讲述的开车的技能规则，此时他们的学习进展很慢。在提高阶段，老师开始讲解一些实例，新手由此获得了初步的情境体验。新手在这个阶段不再机械地记忆换挡与速度之间的规则，而是开始尝试通过发动机的声音等体验来判断如何换挡，这种新的体验是不能被规则化的。在攻坚阶段，随着学习者情境体验的增加，他开始在老师指导和自身体验的基础上尝试概括一些适用于自己的特殊规则。尽管还不确信这些特殊规则是否适合特定情境，但是他开始尝试去运用这些特殊规则。所以，这一阶段的学习时常伴随着忐忑不安的感觉和些许成功的快乐，它是探索性的和易出错的。在熟练阶段，通过学习者在攻坚阶段的实践，此时积极的体验逐渐得到加强，而消极的体验则逐渐被消除，学习者开始能够熟练应付各种具体处境，并且逐渐减少了对于技能规则的依赖。在这一阶段，学习者辨别具体情境的能力加强了，对于应对规则的选择更加明确和直接了，想要实现的任务更明确了，所采取的行动也更加流畅和轻松了。不过，在这一阶段学习者还不能完全自动地处理任务，还需要依赖规则下决定。例如在雨天开车时，熟练阶段的学习者还要做出刹车还是降速的判断，当然，熟练阶段比攻坚阶段能够更经济地结合路况做出正确选择。与熟练阶段相比，在专家阶段，学习者具备了精细分辨具体情境的能力，此时尽管这些具体情境可以规则化，但是成长为专家的学习者已经不需要依赖这些规则，而是可以通过各种具体策略来应对各种情境，他们无须判断就能够针对具体情境做出一种当下最恰当的直觉回应。[20]德雷福斯认为，第五个阶段的专家级别的技能操作行为是无表征的，因为学习者一旦成为专家，他们技能的熟练操作就不需要规则或者概念命题式表征的指导。也就是说，成为专家的学习者不仅能够将之前的体验"以无表征的形式"反射到当前处境中，而且能够针对当前处境"以无表征的形式"做出最恰当的行动。

德雷福斯无表征智能思想主要依赖现象学哲学。他认为梅洛－庞蒂就是一个反表征主义的现象学家代表，梅洛－庞蒂在《知觉现象学》中提出的意向弧（intentional arc）①和最有效控制（maximum grip）②概念能够有效说明熟练技能学习活动的无表征性。德雷福斯不仅对熟练技能学习活动的无表征性进行了现象学描述，而且利用了神经科学研究来加以解释。他指出当代的模拟神经网络研究体现了意向弧的某种结构属性，而大脑动力学研究则可以解释最有效控制。例如，德雷福斯认为，当代神经科学研究中的反馈驱动式模拟神经网络模型（feed forward simulated neural

---

①在德雷福斯看来，意向弧是表征的替代，它表明，过去的体验是被投射进当前的世界，从而产生当前的知觉体验。如梅洛－庞蒂所说，"意识生活——认识的生活，欲望的生活或知觉的生活——是由'意向弧'支撑的，意向弧在我们周围投射我们的过去，我们的将来，我们的人文环境，我们的物质情境，我们的意识形态情境，我们的精神情境，更确切地说，它使我们置身于所有这些关系中。"（[法]梅洛－庞蒂：《知觉现象学》，姜志辉译，商务印书馆2001年版，第181页。）

②最有效控制则是对身体回应环境诱发因素的一种描述，这表明活动者的知觉模式与当时情境之间形成了一种最优的协同关系，最有效控制解释了学习者如何以无表征的形式引发相应的行为。例如，当我们知觉某物的时候，我们不通过思考就会找到与对象整体和构成部分之间的最佳距离，而且我们总是以最佳的方式去对象打交道。人们可以不断地调整身体与环境的最佳关系，但是这不需要知道或者标准地表达出这种最佳关系。人们的身体只是被环境诱发进入这种与环境的平衡关系的，这不需要表征或者目标的预先引导。

networks）说明了过去的体验如何能够以非表征或者无须大脑储存信息的方式影响当前的知觉和行动。神经网无须检索任何特定记忆，新的信息输入就可以通过模拟神经元之间联结力量的改变而在过去的体验基础上产生信息输出。这种更为积极的联结主义神经网络模型就能够在神经科学基础上说明梅洛－庞蒂的意向弧思想。弗瑞曼（Walter Freeman）的吸引子理论（attractor theory）也可以用来解释无表征的行为。在弗瑞曼看来，大脑的学习活动可以看作是大量不同的混沌吸引子活动，而特定的感官输入则会形成一种特定的吸引子团。在学习活动中，当遇到基于过去体验的相同情境时，大脑就会形成神经元联结，这些联结导致的整体神经活动就体现为某种特定能量场中的特定峰值。大脑可以理解为一种具有能量峰谷的动态系统。与过去体验相近的知觉输入，就会使大脑会形成特定的能量场，相应的运动就会产生，这些运动试图让大脑状态更为接近最与过去体验对应的吸引子团的峰谷。大脑动态系统引导着专家级别熟练技能行为，这不需要对于特定状态的表征，就像一条河从山上恣意流淌，它不需要表征低处的目标就能找到最佳的河道。[20]

布鲁克斯的无表征智能实践

信息加工理论主导的传统人工智能研究，被称为有效的老式人工智能（Good Old Fashioned Artificial Intelligence, GOFAI）。这种人工智能研究采用了感知－模型－规划－行动框架（sense–model–plan–act, SMPA）的信息加工理论模型，并且在实践中面临着认知活动的动态性（dynamics）和相关性（relevance）的现实挑战。麻省理工学院人工智能专家布鲁克斯（Rodney Brooks）如此批判了经典认知研究，"所有这些系统都使用场外计算机……都在极端静态的环境中运行。所有这些机器人运行的环境在某种程度上都是为其量身定做的。它们都感知环境并且试图建构二维或三维环境模型。在任何情况下，规划者都忽视了现实环境，并且通过模型运行来产生行动的计划最终实现所赋予的任何目标……"[21], 136-137 为了克服 GOFAI 所面临的这些挑战，布鲁克斯基于新行为主义的理论框架进行了自主智能机器人的探索。

1991 年 8 月，布鲁克斯在澳大利亚悉尼国际人工智能会议上作了《没有推理的智能》的报告，开始向传统的老式人工智能提出挑战。布鲁克斯宣称将建造一种完全自主的、能动的行为主体，它在其动力环境中将以随机应变的方式恰当处理问题、适应环境。由于布鲁克斯的机器人设计方案是把复杂系统分解为部分加以建造，然后再连接到复杂系统中，他所设计的机器人通过控制不同层次系统直接与环境作用，因此这就"根本不需要表征"。[22] 布鲁克斯将基于信息加工理论的 SMPA 称为一种自上而下的设计，即利用思维表征来主导知觉行动，相反，他采用了一种自下而上（bottom-up）的设计，即从知觉与行动自身出发来直接设计智能机器人。这样一来，能够体现这种原始智能的昆虫、鱼类等都成为涉身人工智能机器设计的主题。在布鲁克斯看来，"当我们研究非常简单的低等智能时，发现关于世界的清晰的符号表征和模型事实上对了解认知起到了阻碍的作用，这表明最好以世界本身作为模型。在建构智能系统的庞大组成时，表征是某种错误的抽象单元。"[21], 80-81 按照安德森（Michael L. Anderson）的描述，"上述问题似乎表明自身的解决方法：更短的规划，更经常地关注环境，并且选择性的表征。但是，缩短规划长度的逻辑结论就是没有规划、当下行动；同样，更经常地关注环境的限制就是不断地关注，这恰恰就是使用世界本身作为模型。最后，将表征扩展为选择性表征导致弥合了知觉与行动的鸿沟，或许知觉极大地依赖于行动。这样一来，动力学和相关性问题就推动我们接受了一种更为积极、与认知主体相关的真实世界行动模型，我将其称为情境性的目标导向（situated goal-orientation）。"[23]

基于新思想的机器人设计具有了与环境之间更加灵活的互动性，布鲁克斯由此设计了反映这种新理论的智能体。例如早期设计的智能体艾伦（Allen）会沿墙走、识别门口，后来设计的赫伯特（Herbert）可躲避障碍物，拾起饮料罐，而格根斯（Genghis）则有 6 条可独立控制的腿，它可以利用感应器监控信息来产生新行为，当遇到障碍时，还表现出自主学习和适应的能力，机器人考格（Cog）则开始具有类似人的外貌等。布鲁克斯的研究带动了许多认知科学家对生物智能，尤其是对动物感知运动能力的模拟研究。例如，与布鲁克斯同属麻省理工学院人工智能实验室的一些人工智能专家展开了对金枪鱼等动物智能的新研究，他们认为金枪鱼利用自身身体的行动来控制和利用局部环境，自然地察觉和利用当下的水流来运动，使用尾鳍来控制平衡和压力，从而实现加速和转向，这种能力就是一种涉身的、嵌入环境的行动。此外，莱波特和霍金斯（M. H. Raibert and J. K. Hodgins）还设计了一种跳跃机器人，即通过一条腿的跳跃来实现平衡和移动的机器人设计。其设计理念是体现了涉身交互视角，即将其身体及运动视为具有自身动力特征的系统，其控制完全依赖于情境因素的变化。与布鲁克斯同在人工智能实验室工作的斯坦因（Lynn Andrea Stein）发明设计了机器人 TOTO。TOTO 可以利用超声波感受器去探测环境并且通过这些物理探测建造一种关于环境的内在图谱，由此来修正之前遇到的定位。TOTO 的内在图谱是以一种面向行动的方式对图谱信息加以编码，整合了机器人运动和相关的知觉输入信息。在人工智能体的视觉研究中，许多认知科学家都赞同一种视觉的涉身交互进路，即能动视觉或者交互视觉研究（animate or interactive vision）。在能动视觉研究者看来，传统研究范式或者说"纯粹视觉"（pure vision）研究立足构造内在模型，而能动视觉的研究则赋予行动以首要地位。视觉研究的目的不再是构造一种反映三维世界的内在模型，而是利用对外部世界的不断咨询或者一种"即时表征"（just-in-time representation），在服务于现实世界和实时行动的过程中有效和经济地利用视觉信息。

布鲁克斯将反映上述成果的研究概括为一种新行为主义的智能研究或者具体指为

一种无表征智能的理论研究，而且这种无表征的新智能包含着四个维度的新内容。一是情境性（situatedness）的维度，指机器人处于特定环境中，它不处理对环境的抽象描述（即信息加工认知主义的抽象表征，或者传统机器人的计算机程序），而是处理影响行为的特定环境（即一种面向行动的环境表征）。二是涉身性维度，指机器人具有身体并且通过身体直接体验环境，也就是说机器人的行为是与环境的动态变化组成的，机器人对感觉具有当下的反馈能力。三是智能性维度，指机器人被看作有智能的，但是机器人的智能不能被限于计算机意义上智能，其智能来自于机器人身体与环境的耦合以及感官内部的信号转换。四是突现性（emergence）维度，指机器人的智能突现于系统与环境的互动以及系统构成之间的直接互动。并且人们有时很难在系统中找到产生行动的特定事件和区域。[21], 138-139 布鲁克斯等人的这种新行为主义人工智能研究实践大大推动了涉身认知科学的影响和进展。

拉科夫的涉身认知语义学研究

在思维与语言等抽象认知层面，加州大学伯克利分校的拉科夫教授较早进行了"思维接地"的涉身认知研究。拉科夫等人提出了概念等抽象思维形式植根和生成于身体体验、思维与知觉、具有连续性，以及隐喻是身体体验生成抽象思维的机制等思想，并且概括了区别于信息加工认知等第一代认知科学的新一代认知科学——涉身心灵的第二代认知科学（the cognitive science of the embodied mind）研究。[24], 37

按照拉科夫的描述，20世纪中期以来，计算机科学和人工智能开始兴起，"思维能够描述为形式逻辑"的思想观念开始支配哲学界。同时，图灵机受到广泛讨论并且大脑普遍被理解为某种数字计算机等类似装置。在这种背景下，主张语法独立于意义或者交流的乔姆斯基语言学理论迎合了当时人工智能的兴起。20世纪60年代拉科夫在麻省理工学院攻读英语文学和数学专业时亦追随语言学家乔姆斯基学习，在印第安纳大学读语言学专业研究生等后期学习和研究也深受乔姆斯基理论的影响。直到20 世纪 70 年代前后，拉科夫开始意识到将人类心灵隐喻为数字计算机的思想缺陷，并且开始受到涉身性思想的影响。1975 年，拉科夫和一些志同道合的同事开始从事认知语言学的研究，其理论不赞同乔姆斯基的理论与心灵的计算机隐喻，而是开始提出"语义产生于身体"的新主张。按照拉科夫的回忆，涉身认知思想的出现最早源于 1975 年夏天其研究小组的四次讨论。第一次讨论中，凯（Paul Kay）与麦克·丹尼尔（Chad McDaniel）提出，他们发现表示颜色的概念离不开身体活动，颜色概念具有外部条件（例如波长等），但是它们离不开身体因素，例如视网膜中的颜色锥体细胞以及与之相连的复杂神经回路，单单外部世界不能解释诸如"绿色"这样的颜色概念。第二次讨论中，罗施（Eleanor Rosch）提出，基本层面的概念离不开三种涉身因素：格式塔知觉，心理意象（Mental imagery），运动程序，这些概念的产生与被理解，都事关身体与大脑。第三次讨论中，塔尔米（Len Talmy）与郎盖克（R. W. Langacker）各自提出，空间概念的产生离不开身体。第四次讨论中，菲尔莫（C. Fillmore）提出，语言中的任何词汇都由某种不存在于外部世界中的框架结构所决定。当时讨论的这些研究成果并没有引起认知心理学家、哲学家和语言学家的广泛重视，直到 1987 年拉科夫等出版《女人、火和危险事物》（*Women, Fire, and Dangerous Things*）一书，总结上述讨论成果的涉身语义学研究才开始受到重视并得到广泛讨论。[25]

拉科夫大致在 1978 年左右开始了对隐喻的研究，代表作是 1979 年拉科夫与约翰逊（Mark Johnson）合作出版的《我们所赖以生存的隐喻》（*Metaphors We Live By*）。在这本书中，二人不仅阐明了日常语言中的大量隐喻，而且提出了"我们的思想和行动所依赖的日常概念系统，归根结底都是隐喻的"的主张。20 世纪 90 年代，拉科夫与约翰逊二人在《肉身中的哲学：涉身心灵及其对西方思想的挑战》

（*Philosophy in the Flesh. Philosophy in the Flesh: the Embodied Mind and Its Challenge to Western Thought*）一书中总结了"思想是隐喻的"（we think metaphorically）的主张。这一主张将隐喻本质上视为概念领域之间的一种框架映射，而基本隐喻则植根于共同发生的涉身体验，从而使涉身语义学理论初步成型。二人系统总结了"心灵根本上涉身的"（the mind is inherently embodied）、"思想大多是无意识的"（thought is mostly unconscious）以及"抽象概念大多是隐喻的"（abstract concepts are largely metaphorical）等涉身认知的经典命题。在《数学来自哪里？》（*Where Mathematics Comes From*）一书中，拉科夫与奴兹（Rafael Núñez）论证了数学知识也依赖隐喻并且植根于身体体验的思想。奴兹还概括了一种完全涉身性（full embodiment）思想，指出"完全的涉身性明确地提出了一种研究范式，这种范式通过特定大脑和身体支撑的主观性身体体验，能够解释人类心灵自身创造的对象（例如，概念、观念、解释、逻辑形式以及理论）。这种观点的一个重要特征是：人类概念结构和理解（包括科学理解）所创造特定对象不是在超验的领域中存在的，而是在特定的人类身体活动中产生的。"[26] 奴兹还特别谈到，数学概念也是通过心灵的一些日常想象机制产生的，数学中的抽象实体是通过人类想象性心灵（the human imaginative mind）所创造的，想象性心灵特殊地利用了一些基于身体的日常认知机制，例如，概念隐喻、类比推理、虚拟运动、时态图式（aspectual schemas）以及概念合并（conceptual blends）等。

在拉科夫的思想中，隐喻不再仅仅是某种语言和修辞手段，而是成为一种关键的认知机制，尤其是理解概念等抽象思维产生的重要认知机制。近年来，拉科夫试图"将神经科学与语言和思想的神经理论结合起来"，这是涉身认知框架内语言学理论的一种新发展方向。[27] 按照拉科夫的回忆，这一探索早在 1988 年前后就已经着手。当时，费尔德曼（Jerome Feldman）任职于加州大学国际计算机科学学院，与拉科夫共同建立了一个研究语言与思想神经生理基础的科学小组，并在此后与认知语言学家、神经科学家、计算机科学家和实验心理学家共同提出了一个思想与语言的神经科学理论（a neural theory of thought and language，简称 NTTL）。NTTL 的理论核心是：一是语言与思想基于人类的大脑，思想是生理性的，并且通过大脑功能性神经回路思想得以发挥作用；二是思想的意义，源于这些大脑神经回路与身体的连接方式以及相应的涉身体验；三是所谓的抽象思想与语言，都是通过上述这些涉身方式产生与存在的。拉科夫等人明确的在微观层面上点明了神经生理系统在概念生成上的这种作用，例如，他们指出，"概念的特定属性是大脑和身体建构方式的结果，是大脑与身体在交互主体和物理世界中活动方式的结果。……涉身心灵的假设激进地、根本地消除了知觉／概念之间的区别。在涉身心灵中，我们认为知觉（或者身体运动）中的相同神经系统在概念中扮演了关键的角色。也就是说在知觉、运动和对象掌控中起作用的机制在概念和推理中起着相同的作用"[24]。

拉科夫等人基于功能性神经回路来解释思想与语言的涉身语义学研究在此后得到较大发展。20 世纪 90 年代，约翰逊（Christopher Johnson）、格拉迪（Joseph Grady）与纳拉亚南（Srini Narayanan）等人在神经科学理论基础上提出了一种基础隐喻的神经科学理论（a neural theory of primary metaphors），进一步概括了人们的语言大多数来自于早年的生理物理互动的思想。瑞格（T. Regier）、法拉（M. J. Farah）等人研究了众多相同的神经回路在想象行为、知觉活动和意义生成中发挥的重要作用。加莱塞与拉科夫（V. Gallese & Lakoff）关于镜像神经元的研究指出，行为 – 知觉所依赖的神经回路整体可以解释自然语言意义的产生，例如，在神经科学基础上，人们就可以解释自然语言的动词词根对于第一、第二和第三人称体验可以是相同的。德霍恩（S. DeHaene）关于大脑神经元的层叠瀑布理论以及达玛西奥（A. Damasio）关于大脑神经元的收敛／发散区理论的研究表明，一种复杂的想象、理解和行为不是发生于大脑模块，而是为一个整体的神经元层叠瀑布所激活；进而，形式逻辑中的公理和假设乃至演绎推理都可能是以无意识和自动的形式产生于神经共联或神经回路。20 世纪 80 年代以来，实验社会心理学提供了大量经验证据来证明隐喻的大脑神经回路的存在，并且探讨了它们对社会行为产生的影响。总体来看，拉科夫等人开启的语言神经科学理论大致可以分为三个研究领域：一是涉身认知语言学，通过概括大量例子来描绘语言表达的认知结构和涉身意义；二是涉身神经模型，即在功能性神经回路中来表达适当的计算结构和过程的类型；三是实验研究，即通过功能性神经回路来检验假设和发现有待解释的现象，功能性神经回路的研究已经将神经科学、计算机科学、语言学和实验心理学统合在一起。

瓦雷拉与涉身认知研究纲领的提出

大致在 20 世纪 90 年代初，涉身认知的研究理论范式开始逐渐清晰起来。瓦雷拉（F. J. Varela）、汤普森（Evan Thompson）与罗施（Eleanor Rosch）于 1991 年合作出版《涉身心灵：认知科学与人类体验》（The Embodied Mind: Cognitive Science and Human Experience）一书，这本书中明确将涉身认知视为一种区别于认知主义和联结主义的新研究进路。安德森描述了 20 世纪 90 年代初涉身认知的提出，"涉身认知（EC）产生于 1991 年或者 1991 年左右，涉身认知已经从一种混乱但是令人激动的童蒙状态中浮现出来，其家族成员不断扩展并且冲击着之前的理解。由于涉身认知涵盖了计算机科学、现象学、发展心理学、认知心理学、分析的心灵哲学、语言学、神经科学以及东方神秘主义等，因此，涉身认知是什么、与生命有何关联、运用何种术语等问题上，在涉身认知一直受益于同时纠结于众多不同且常常不兼容的思想。"[28]

瓦雷拉以生成认知（enactive cogniton）的名义系统提出了涉身认知的新研究

	认知主义	联结主义	生成认知
什么是认知？	认知是作为符号计算（基于规则的符号控制）的信息加工活动。	认知是由简单成分构成的神经网络整体状态的突现。	认知是生成活动，即一种主体与世界之间的结构耦合过程。
认知如何作用？	认知通过能够支持和控制离散功能元素-符号的任何装置来发挥作用。	认知通过个体活动的规则以及通过元素联结的变化规则来发挥作用。	认知通过相互联结的、多层的感官运动亚网络所构成的整体网络来发挥作用。
我如何知道一个认知系统的运行功能良好？	符号恰当地表征实在世界的某些方面，并且信息加工模型能够成功地完成问题求解。	突现属性（以及产生的结构）与一种特定的认知能力相适应，与一种任务的成功解决相适应。	认知系统成为现存世界的组成部分（就象每一种族的祖先那样）或者塑造了一个新系统（正如进化历史中所发生的那样）。

表 2.1　认知科学的三种研究进路[29]

进路。在表 2.1 中，他从认知内涵界定、认知如何作用以及认知活动良性运行的判定等方面比较了三种研究进路，从而清晰展示了一种与认知主义和联结主义等经典认知不同的认知科学研究新进路。

涉身认知研究的进展

21 世纪以来，涉身认知研究进路得到国内外科学与哲学界的普遍重视，人们围绕身体与情境等因素在认知活动中的作用进行了更为广泛的探索，涉身认知研究框架也逐渐明晰且而深入拓展。

认知科学哲学家韦勒（Michael Wheeler）将涉身认知拓展为一种涉身 – 嵌入的（embodied-embedded）认知科学研究。这种涉身 – 嵌入的认知科学研究被视为认知主义和联结主义之后的第三种认知科学研究。在韦勒看来，涉身 – 嵌入认知科学的基本纲领是：认知科学需要把认知置于大脑中，把大脑置于身体中，把身体置于世界中。涉身 – 嵌入认知科学的主导思想则表现为：在线智能是智能的首要形式，涉身认知可以更好解释在线智能；与内在心理表征假设不同，涉身 – 嵌入认知科学主张在线智能可能没有表征，也可能是一种行为导向的表征（action-oriented representation）；在线智能生成于大脑 – 身体 – 环境的整体系统，在线智能的产生机制是一种辩证的非线性因果关系；生物学意义上的感受性（biological sensitivity）在认知活动中具有某种关键作用，这表明与数字计算机等物理装置不同，大脑与身体等生物系统的感受性在认知活动中具有关键作用；动态系统的理论视角（dynamical systems perspective）是人类认知的建构方式；笛卡尔主义的非涉身、非嵌入的智能和心灵被一种嵌入环境的涉身技巧和能力所取代，涉身 – 嵌入认知科学在哲学层面上为海德格尔哲学意义上的认知处境提供了一种实践解释。[30], 275-278

哈钦斯（Edwin Hutchins）则将涉身认知明确为一种认知生态学（Cognitive Ecology）作为研究进路，他力图理清涉身认知或者认知生态学进路的理论渊源。在他看来，至少三个领域的研究推动了认知生态学的研究：一是吉布森的生态心理学研究。吉布森在知觉心理学中放弃了信息加工理论，主张通过动物与环境的动态耦合来解释知觉。二是贝特森（Gregory Bateson）等人的人类学研究。20 世纪

70 年代初期，贝特森等人的多学科研究表明，人类互动是一种复杂的多模块和异质性的系统，尤其是马图拉纳（Humberto Maturana）和瓦雷拉等人进而提出的自创生（autopoeisis）等概念说明了认知的社会历史性和自组织动态生成性。三是维果斯基等人的语言学研究。维果斯基语言学也被称为一种文化 – 历史活动理论（Cultural–historical activity theory），这一理论主张人类的思想与语言是由历史性的偶然文化实践情境所塑造的。哈钦斯认为，这些认知科学的研究意味着对信息加工认知理论研究的批判，也意味着一种认知生态学新研究的产生。他指出："认知生态学就是立足情境对认知现象的研究。认知生态学的元素已经展现于认知科学领域的各个角度，尽管并非核心领域。现在，这一成就已经被视为一种逻辑加工认知观向生物学认知观的转向。"[31]

延展认知（extended cognition）是涉身认知的拓展，并且由延展认知还进一步延伸出延展心灵（extended mind）的观念。克拉克和查尔默斯（A. Clark & D. Chalmers）首先提出了延展认知论题，20 世纪末二人又提出延展心灵论题，后来又试图把延展认知与延展心灵假说整合为一个关于心灵和认知的统一理论。这一理论主张，人类与其所处的环境以及环境中的外在物紧密联系在一起，这些环境和外在物在面向世界的认知活动中发挥着积极作用。因此，不仅心灵不可能是笛卡尔意义上的独立实体，而且心灵也不再仅仅是人的颅骨和体肤等身体界限所决定的，而是进一步延展至外在环境，由身体和环境共同决定。

【小资料】关于"延展认知"

克拉克和查尔默斯通过以下三种可能的问题求解范例来论证他们的延展认知论题。例如，坐在同一个电脑屏幕前，以三种不同方式旋转游戏块使之与相应的位置槽相匹配（为方便，你可以想象俄罗斯方块游戏或某种拼图游戏）：

（1）只在大脑内部（意识中）想象移动游戏块完成求解任务；

（2）大脑加上外部物理设备（如计算机上的键盘、鼠标等）一起完成求解任务；

（3）（赛博格时代）生物脑加上脑中的神经植入物一起以更高速度完成求解任务。

那么，这三种认知存在实质性区别吗？

克拉克和查尔默斯认为，第一，在三种情况下问题求解程序是一样的，都是通过移动游戏块寻找适当的匹配。如果说（1）是在大脑内部进行的，（3）也是。区别仅仅是在心理旋转游戏块，还是借助了加在大脑中的神经植入物对屏幕上的游戏块进行移动。第二，（1）（2）（3）解题的数学结构是同构的，差别仅在（1）和（3）是在大脑内部执行认知加工，（2）还执行了实际的物理操作，计算是分布在大脑内部和外部之间的，解题任务由大脑内部和外部资源共同分担。如果发生在头脑内部的认识活动（epistemic actions）和借助外部设备使物理世界发生改变的实际的活动（pragmatic actions）都能对问题求解有所贡献，为什么不承认它们都是认知活动呢？我们能简单地按照头骨和肌肤的界限解释它们在认知的合法性上有实质的区别吗？事实上，他们认为，在实际的认知情况下，人类有机体就是以这样交互的方式与外部实体相连接，共同创建了一个动态的耦合系统，"如果我们移去其中的任何一个部分，就像移去了大脑的一部分一样，相应的认知能力就会丧失"。因此，以往用头骨和体肤区分内部和外部界限来说明认知是智力上的不诚实。世界的一部分已经实质性地参与了认知过程，因此，"认知过程不局限在头脑中！"

分析一下克拉克和查尔默斯对延展认知的论证思路：如果任何物理事件参与了认知加工，它们就应是认知过程的一部分；而且作为外部环境一部分的物理事件参与了认知加工［如与（1）相比，在（2）和（3）情况下，借助物理设备计算机按钮、大脑中的神经植入物等发生了实际的认知行为］，外部物理环境就应当成为认知过程的一部分，进而世界的一部分也成为认知过程的一部分。因此，认知过程不局限在头脑中，认知已经延展到了世界。

（参见刘晓力："延展认知与延展心灵论辨析"，《中国社会科学》2010年第1期。）

在涉身认知思想的主导下，当代认知科学研究呈现出了一种多维度的探索。例如，学术界开始整合大脑、身体、情境开展对认知的研究，其中有的结合可直接观察大脑活动区域及特点的脑成像技术（ERP、EMG、PET和fMRI）开始更深入研究脑结构认知功能，有的则是利用分子细胞生物学技术在分子生物学层面上研究大脑与身体的认知功能。英国生物技术和生物研究理事会开展了"大脑与行为整合分析"研究项目，力求从基因、蛋白质分子、细胞、神经系统、认知过程或神经网络建模等层面对认知进行整合性研究。目前，表征计算与涉身动力系统被看作关于心智的存在和活动方式的两个基本模型——前者是计算机模型，后者是生物有机体模型，这两个模型的问题、观念和方法衍生出了两大系列的新交叉学科，前者包括隐喻计算、神经计算、计算哲学、计算语言学等，后者则包括神经伦理学、神经心理学、神经经济学、神经管理学、神经语言学、神经美学、神经哲学、神经宗教学等。[32] 有的通过生物体系统、行为及其自然与文化情境等因素来系统研究认知活动，例如我国中科院的脑与认知科学国家重点实验室将揭示认知的脑复杂系统与文化、社会的交互关系作为一个重点研究领域。整体看，除了传统表征计算与脑神经研究之外，注重生物机制、行为、情境等生物学与社会学方向的涉身认知研究已成为认知科学研究中不可或缺的构成。

目前，国际上关于涉身认知的研究机构逐渐建立并且其研究也日益多样化。例如，英国剑桥大学的"涉身认知与情感实验室"（the Cambridge Embodied Cognition and Emotion Laboratory），其科研人员尤其关注人们的身体因素对其内在状态和有关外部世界的判断的影响。美国亚利桑那大学的"涉身认知实验室"（Laboratory for Embodied Cognition），其科研人员主张人的所有认知活动都基于知觉、行为和情感的神经活动，具体研究语言理解如何依赖于行为和情感、行为如何将我们与他人相连、镜像神经元对语言和行为理解的贡献、涉身性理论如何用于提高青年人的阅读等。美国哥伦比亚大学的"涉身性实验室"（EMBODIMENT LAB），其科研人员的研究集中于：情感体验和社会动力学的心理表征；身体活动及其心理表征与情感体验的连接机制；如何控制情感体验和社会交往的知识。美国加州大学圣迭戈分校的"涉身认知实验室"（Embodied Cognition Lab），其科研人员尤其关注概念系统、抽象和推理机制等高层认知现象如何通过大规模无意识的身体／心理活动而生成。美国得克萨斯大学奥斯丁分校的"涉身认知实验室"（Embodied Cognition Lab），其科研人员主要研究了人类的视觉和运动控制问题。澳大利亚墨尔本大学的"空间与涉身认知实验室"（the spatial and embodied cognition lab），其研究主题包括：我们的思想如何被身体塑造？是否可能通过人们身体的空间控制来影响其思想？大脑机制如何协调身体互动？人类复杂抽象思想的能力依赖大脑结构吗，这些结构从根本上是否决定了知觉与行为？数学、时间和空间认知受到我们与环境行为方式的影响吗？这些活动在各种临床患者那里如何变化？英国兰卡斯特大学的"涉身认知实验室"（the embodied cognition lab），其研究聚焦于身体与环境对表征和行为的塑造，人类认知中语言和模拟系统的交互作用等。加拿大多伦多大学的"涉身社会认知实验室"（the embodied social cognition lab），其研究主题聚焦社会环境中的信息在社会互动中的加工和应用方式等问题。美国麻省理工学院的"计算机科学与人工智能实验室"（The Computer Science and Artificial Intelligence Laboratory, CSAIL）中的跨领域创新研究项目"机器人学研究中心"（The CSAIL Robotics Center）。其研究目的是进行基础理论研究与机器人设计，这些机器人具有与人们、环境等进行互动的智能。德国比尔菲尔德大学的"涉身语言的神经生物学工作组"（Workshop on Neurobiology of Embodied Language, NOEL），工作组的任务是整合语言学、心理学、神经科学、认知科学和哲学领域的研究者来共同探索大脑组织、认知和语言之间的功能关系。西班牙格拉纳达大学的"接地认知实验室"（The Grounded Cognition Lab），实验室的目的是研究人类心灵的接地、嵌入、情境、延展和动态的本质。涉及的问题有：互动身体、语言和合作者与文化等在人类思想中发挥着什么作用？我们如何思考时间、数字、权力、信任等抽象概念？这些概念如何植根于与环境的互动之中？交流是如何从多模块互动中产生的？思想是如何通过文化和教育提供的材料得以构架的？涉身心灵是如何激发和限制交流系统的？意大利博洛尼亚大学的"涉身认知研究项目"（EMbodied Cognition，EMCO），其研究主要聚焦于心理学中的可供性（Affordance）以及感官运动系统与范畴加工、感官运动系统与语言加工等主题。英国爱丁堡大学则开设的"心灵、语言与涉身认知"（Mind，Language and Embodied Cognition）理学硕士的研究生学位研究项目。

涉身认知的研究纲领

涉身认知的理论研究纲领是批判性反思认知主义与联结主义等经典认知研究的基础上发展起来的。瓦雷拉在生成认知科学的名义下为我们描绘了作为交叉科学的认知科学研究中从认知主义到联结主义（突现）再到涉身认知（生成）等不同框架的研究分布（参见图 2.1）。[29], 7

在图 2.1 中，三个圆环分别代表认知主义（信息加工理论）、联结主义（突现）和新的认知科学研究进路——涉身认知（生成），五条直线则分别代表认知科学的主要构成性交叉学科，黑点则代表接近于不同学科和不同认知科学研究进路的代表人物。这幅图总体呈现了认知科学不同研究纲领尤其是涉身认知在 20 世纪 90 年代初的发展状况。

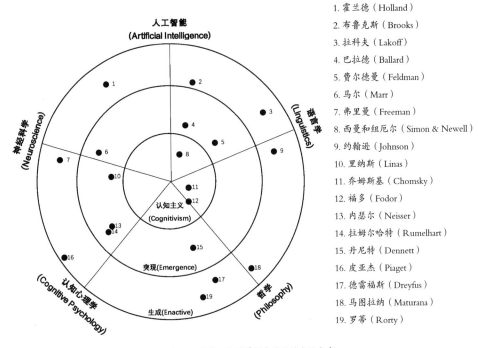

图 2.1 生成认知科学研究进路的定位分布

1. 霍兰德（Holland）
2. 布鲁克斯（Brooks）
3. 拉科夫（Lakoff）
4. 巴拉德（Ballard）
5. 费尔德曼（Feldman）
6. 马尔（Marr）
7. 弗里曼（Freeman）
8. 西曼和纽厄尔（Simon & Newell）
9. 约翰逊（Johnson）
10. 里纳斯（Linas）
11. 乔姆斯基（Chomsky）
12. 福多（Fodor）
13. 内瑟斯（Neisser）
14. 拉姆尔哈特（Rumelhart）
15. 丹尼特（Dennett）
16. 皮亚杰（Piaget）
17. 德雷福斯（Dreyfus）
18. 马图拉纳（Maturana）
19. 罗蒂（Rorty）

与认知主义和联结主义相比，涉身认知更为注重身体体验（experience）和情境互动在认知生成上的作用（参见图2.2）。概括而言，为了更真实地理解和再现人类认知现象，涉身认知强调了两个基本论题：一是知觉密合行动（perception is tightly linked to action），二是思维接地知觉（thinking is grounding in exprience）。涉身认知纲领的两个论题与认知科学的实践研究密切相关。例如，布鲁克斯等人对于自主行为机器人的设计理念体现了第一个基本论题，他们立足与环境实时互动所建构的机器人似乎能够更为灵活地知觉环境和应付环境，这表明知觉等认知现象可以通过行动而更好地表现出来；而语言学家拉科夫等人的认知语言学研究则更能体现第二个论题，他们主张思维和语言源于身体体验。

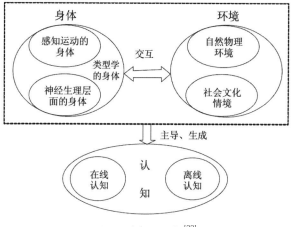

图 2.2　涉身认知图解 [33]

当然也有一部分研究者主张涉身认知与传统信息加工和联结主义理论并不是截然对立的，三种框架在形而上学的基础上可能有着根本的区别，但是在认知实现的实践层面可能并不冲突。例如，涉身认知一方面在探索交互式的认知实现方式，另外也可能包容着表征 – 计算主义认知实现方式。正如戴维斯（Joshua Davis）所说，涉身认知并不拒绝计算理论和行为主义，它们仍有其价值，不过，涉身认知的确是一种我们正趋向的新范式。[27]

第三章

涉身认知的哲学背景

涉身认知产生和发展离不开西方哲学的历史发展背景。例如，就强调认知活动的身体和情境生成因素而言，这一思想甚至可以追溯到古希腊自然哲学中的原子论者。据艾修斯记载，"留基波和德谟克里特说感觉和思想都是身体的变形"，即原子论者或许已经素朴地猜测到心灵活动嵌入于身体活动的思想。[3], 50 涉身认知哲学思想更为直接的背景，应该是近代以来西方哲学的认识论转向及其现代深化。一方面讲，涉身认知源于对近代以来以笛卡尔主义为代表的理性主义认识论和意义理论的批判；另一方面讲，涉身认知则是发端于近代以来各种反笛卡尔主义的认识论与意义理论。

总体来说，涉身认知的哲学思想主要表现为：一是反对将经验与理性严格对立，主张在经验与理性之间存在着连续性，尤其是主张将抽象理性植根于身体性经验之中；二是主张将行动与认识密切联系起来，以行动和对环境的适应性行为来理解认识；三是将行动的主体概括为身体的行为，重视身体与情境在认识和意义上的构成性作用。基于这种理解，现代哲学史上的杜威、梅洛－庞蒂、海德格尔、后期维特根斯坦（Ludwig Wittgenstein）以及波兰尼（Michael Polanyi）等人都在哲学层面上体现了涉身认知的思想。以情境认知的名义，加拉格尔（Shaun Gallagher）如此描述这一状况，"总之，就情境认知在哲学史上的这些思想根源而言，它们是不成熟的，并且被启蒙时代的思想很好地遮盖了，甚至没有在认识论基础的全面探究中被揭示出来。但是，情境认知的思想在 20 世纪哲学中开始破土而出，并且在某些批判笛卡尔、康德等哲学思想的无数现代哲学家中发展起来。我主要聚焦于四位具有情境认知思想的哲学家：杜威、海德格尔、梅洛－庞蒂以及维特根斯坦。当然，在这个名单里还可以包括威廉·詹姆士（William James）、乔治·赫尔伯特·米德（George H.Mead）、汉斯－乔治·伽达默尔（Hans-Georg Gadamer）以及阿隆·古尔维奇（Aron Gurwitsch）、汉斯·约纳斯（Hans Jonas）、休伯特·德雷福斯或者更近期的安迪·克拉克，马克·约翰逊（与乔治·拉科夫合作）以及伊万·汤普森（与弗朗西斯·瓦雷拉合作）等等。"[34]

经典认知与笛卡尔主义

　　一般认为，以信息加工理论为代表的经典认知将笛卡尔主义作为其哲学基础。笛卡尔主义在实体问题上主张心灵与物体的二元论主张，在认识论上则体现为一种主客二分的认识论模式。笛卡尔主义的实体二元论主张把心灵和身体或物体看作分属于两个独立和不同世界的实体，心灵的本质属性是思维，物质的本质属性是广延，人自身也一分为二，即身体的我（具有广延属性的物质的我）和心灵的我（具有思维属性的精神的我）。在笛卡尔看来，我的本质就是思维，而肉体只有广延属性而不能思维。尽管想象功能和感觉功能来自身体，但是，感觉功能只能在思维与广延之间做出非此即彼的选择。这样一来，"所有这些饥、渴、疼等感觉不过是思维的某些模糊方式"，[35] 也就是说它们像思维，但与思维有着本质的不同，并要接受思维的主导。可以说，笛卡尔主义的心身二元论造成的结果就是思维与感知的二元论，思维成为认知的本质，对认知的研究就等于对思维的研究。经典认知科学正是如此理解人的智能，并且将对思维作为唯一对象，将思维的研究与感知的研究割裂。另外，笛卡尔持有的主客二分认识论模式则是将认识理解为思维主体对外部客体的反映，这就为现代表征主义认识论奠定的基础。尤其是笛卡尔主义者普遍认可，在主体和客体之间存在着作为认识基本构成成分的观念，而按照理性主义的思想，人类的认识或者知识正是这些观念的组合或链接，这也正是现代认知计算主义的立场。这种二分认识论模式在近代经验主义中也有典型体现。经验主义者霍布斯在认识论上就表达了"理性不过就是计算，就是普遍命名的加和减而已"的思想，而这与经典认知的表征计算主义极其相近。另一位经验主义者洛克也将人类的思想看作观念的联结，而观念则是主体对外物的一种原子式的表征，这种关于认识的联想主义心理学主张无疑与经典认知的信息加工认知理论一脉相承。

"我和我的肉体绝对是截然不同的。没有肉体，
我照样可以存在。"

图 3.1　笛卡尔的心身二元论

　　现代认知科学哲学家普遍意识到，笛卡尔主义正是以信息加工理论为代表的经典认知科学研究的哲学基础。戈尔德（Tim Van Gelder）将信息加工认知科学研究归结为计算主义研究，并且指出"计算主义典型体现了笛卡尔主义的心灵观念"[36]。安德森认为，在笛卡尔主义哲学中存在着一种心身交感与心身二元的理论张力，即我们既需要身体（感觉离不开身体作用），同时又不需要身体（感觉是不可靠的，思想是可靠的）。这种理论张力导致把抽象思维和感官能力对立起来并且看不到两者之间的连续性，这正是笛卡尔主义的理论实质，并且成为经典认知科学的哲学基础。[23] 韦勒在更大范围概括了一种作为经典认知科学基本理念的笛卡尔主义心理学。在他看来，这种笛卡尔主义心理学在八个方面主导了经典认知科学的研究。具体来说，一是主客二分是智能主体所处的首要认识论情境；二是心灵、认知和智能的解释依赖于表征及其管理与转化；三是人类大多数智能行为体现为一种数字计算机式的通用推理活动；四是人类知觉在本质上是推论性的；五是知觉智能行为体现为一种感官 – 表征 – 计

划 – 活动的模式；六是在知觉智能行为中，环境的作用仅仅表现为一种信息输入源；七是对智能行为的解释独立于智能主体的物理涉身性，即忽视原初知觉依赖身体状态和机制来解释的事实；八是经典认知不能有效解释极富时间变化的认知心理活动。笛卡尔主义心理学的这些原则主导了经典认知科学的研究，可见经典认知科学在此意义上就是笛卡尔主义的或者说是笛卡尔主义心理学的现代变种。[30], 23-55

哲学家查尔斯·泰勒（Charles Taylor）则在整个近现代哲学变迁的视野内揭示了近代认识论研究与经典认知的这种相通之处。他指出，笛卡尔、洛克和康德等人的传统认识论都可以视为一种内在 / 外在（Inside/Outside，简称 I/O）图景下的中介认识论（Mediation Epistemology）。这种"中介认识论"主张，"我们对外在于心灵 / 智能主体 / 有机体的外部事物的认识，只有通过某种内在于心灵 / 智能主体 / 有机体的边界条件、心理意象或概念图式才能发生。通过心灵的综合、计算或者构型作用，输入才能形成对于外部事物的认识"[37]。言外之意，基于身体体验的认识论正是这种中介认识论的一种突破。

实用主义与涉身认知

实用主义无疑是反思笛卡尔主义的一支重要力量，因此它也成为批判经典认知与奠基涉身认知的重要哲学基础。以皮尔士（Charles Peirce）、詹姆士和杜威为代表的实用主义在概念、逻辑等认识论问题上更加注重行动因素的作用，以及后期维特根斯坦为代表的日常语言哲学则重视常识语言的重要性，并且提出了语言的意义在于其用途的主张，这些都构成现代涉身认知的哲学渊源，并且是当代认知科学理论变革的重要推动力。

认知本质上是一种行为

在反思笛卡尔主义心身关系理论的过程中，许多现代哲学家认识到，感官运动系统在人类认知活动中发挥着至为关键的作用。过程主义哲学家怀特海（Alfred Whitehead）指出，应当摆脱将身体视为纯粹物质范畴的陈旧观念，应当还原身体这一中介在认识活动中的主体地位。怀特海批判了表征主义的知觉解释，主张身体在知觉活动中具有一种更为基础性的地位，或者说"一切感性知觉都不过是我们的感性经验对身体活动的依赖的一种结果"[38]。实用主义者杜威明确通过"有机体与环境间的相互作用"来重新诠释人类感知经验，尤其指出了感官运动系统在认知活动中的基础作用。杜威认为，经验不是主体对客体的机械反映，而是在有机体与环境的相互作用中人类感官与运动系统相互协调的生成。杜威说："经验首先是做（doing）的事情。……有机体按照自己的机体构造的繁简向着环境动作。结果，环境所产生的变化又反映到这个有机体和它的活动上去。……这个动作和感受（或经历）的密切关系就形成了我们所谓的经验。……经验的'真资料'应该是动作、习惯、主动的机能，行为和遭受的结合等适应途径，感官运动的相互协调（sensori-motor co-ordination）。"[39]将经验理解为"做"的事情，理解为生物体与环境的互动，这就摆脱了客观主义的经验解释，即将经验视为一种静态的、原子式的和内在观念的主张。

如果感知经验本身就是一种行为，那么也就不存在笛卡尔主义的内在心灵观，人类的心灵活动亦不可能脱离自身的行为和所在的情境。立足生物进化论的研究，杜威指出，心灵不是一个封闭盒子，人类的精神生活是一种依据所有生命规律而发展的整体有机体活动，所谓的心灵或者心理生活不是一种在真空中发展的个体性和孤立的事情。在杜威看来，认知不是一种抽象的内在思维活动，作为一种生物体的活动，认知是面向具体环境解决特定问题的实践活动形式。当生物体处于混乱、扰动、不确定性的环境中时，认知就成为一种探究和解决这些问题的形式，这种形式本质上是一种实践活动。所以，认知活动从根本上看不是一种纯粹的精神现象,而是一种有机体和环境之间的互动呈现。作为一种实践行为,认知总是情境性的,即心灵活动离不开所处的物理和社会情境。就前者而言,认知行为是生物体与自然情境的互动;就后者而言,认知行为是生物体与社会情境的互动。除了基于感官运动系统的人与自然互动之外,人们还通过观察他人行为、与他人交流以及模仿从他人等社会性活动生成认知与获得知识。

语言意义在于其用途

与通过逻辑分析澄清语言意义的传统分析哲学的做法不同,实用主义者主张,语言的意义在于语言在具体情境中的使用,语言就像其他工具一样与人的使用活动不可分割。经典认知理论接受了以逻辑实证主义为代表的理想语言哲学思想,它们致力于消除日常语言混乱,主张按照逻辑规则澄清语言中的混乱,从而建构符合语法逻辑规则的人工理想语言。涉身认知的科学理论研究则更倾向于实用主义的主张,即不可能建立符合所谓逻辑规则的普遍性人工语言,因而也不存在所谓抽象的普遍意义,语言的意义在于其在日常语言中的正确使用。

作为美国实用主义的理论奠基者,皮尔士提出了著名的情境意义理论——"皮尔士原则",即主张概念和命题等逻辑元素的意义都不决定于某种客观内容,而是由它们所引起的行动效果所决定,即意义就是行动的效果。例如,人们常说物体是硬的,但这并不意味物体自身具有硬的客观性质,也不意味着硬的性质是主观能力的体现,而是意味着物体相对于人们主观能力而言具有一种抓不破表层的效果;同样,人们说物体是重的,这意味着一种需要花费气力支撑而使其不会落下的效果。在后期维特根斯坦看来,语词或语言的意义并不是某种语言体系的内生产物,不是来源于对外部世界中事物的某种一对一的反映,相反,语词的意义产生于语词被使用的具体活动。在语词的使用过程中,不存在某种预先假定的储存于头脑中的概念,相反,语言及其意义产生于各种场景、实践和活动的体验中。维特根斯坦曾经举例，即当某人去商店买"五个苹果"时，店主如何理解其意义的。他指出："现在，请想一想下面这种语言的使用：我派某人去买东西、我给他一张写着'五个红苹果'的纸条。他把纸条交给店主，这位店主打开标着'苹果'的抽屉，再在一张表上寻找'红'这个词，找到与之相对的颜色样本；然后他念出基数数列——我假定他能背出这些数——直到'五'这个词，每念一个数就从抽屉里拿出一个与色样颜色相同的苹果。人们正是用这样的和与此类似的方式来运用词的。但是，他怎么知道在何处用何种办法去查'红'这个词呢？他怎么知道对于'五'这个词他该做些什么呢？好吧，我假定他会像我在上面所描述的那样去行动。说明总要在某个地方终止。但是，'五'这个词的意义是什么呢？这里根本谈不上有意义这么一回事，有的只是'五'这个词究竟是如何被使用的。"可见，"五"这个词的意义并不是客观的，而是源于其自身的使用。维特根斯坦就此明确指出："一个词的意义就是它在语言中的使用。"[40], 3-7

语言的意义在于其用途，这也表明语言的意义有赖于其使用的具体环境。按照后期维特根斯坦的看法，对语言的使用类似于参与一种具有特定规则的游戏活动，语言的任何一种使用都可以看作是参与一种不同的游戏，各种游戏不存在所谓的普遍性规则，而是依据各自不同的游戏规则进行。维特根斯坦进一步指出，"'语言游戏'（language games）一词的用意在于突出下列这个事实，即语言的述说乃是一种活动，或是一种生活形式的一个部分"[40], 7。这样一来，私人语言（即一种从内在心灵来表现和获得意义的个体语言）就不可能被外人所理解或者习得，甚至可能根本就不存在所谓的私人语言，任何语言都是一种处于社会互动中的主体之间的交流系统。维特根斯坦通过描述一个建筑工人及其助手共同实施一项工作的实践活动来说明语言的这种社会性。例如，建筑工A用各种建筑石料盖房子：有石块、石柱、石板、石梁。助手B必须按照A的需要依次将石料递过去。为此，他们使用一种由"石块""石柱""石板""石梁"这些词组成的语言。A 叫出这些词，B 则把他已经学会的在如此这般的叫唤下应该递送的石料送上。在这项实践活动中，语言的意义可以通过清晰的指称得以创造，尽管活动场景的范围很狭隘并且限定了二人之间的交流情境，但是这并没有改变他们的工作任务仍然存在于特定的情境中，语言和概念系统依然是通过情境中的特定目标得以创造的。通过这个例子的描述，维特根斯坦力图说明，语词或者陈述的意义依赖于语词使用的社会环境。知道某件事情的意义并不单单等同于处于某种心理状态中，遵循语言游戏的规则也不是要求对我们头脑中某种规则的认知性理解，相反，这些都是一种社会实践的能力，都是我们在特定情境中进行调整的能力。概念的意义并不是普遍性的，因为概念的意义依赖于其在特定历史情境中的使用。语言意义的情境性观点明显异于概念的表征性理解，也就是说"石板"等概念不是简单地复制外部对象，当建筑工人说"石板"的时候，其助手不需要形成关于石板的心理意象，建筑工人的石板概念等同于助手的活动。

实用主义的意义理论明显与经典认知的表征主义意义理论不同，其对行为、实践和情境的重视激发了涉身认知的研究路径。加拉格尔说："令人奇怪的是，尽管人们在情境学习理论中常常引用杜威的思想，但是在杜威在心灵哲学领域中关于情境认知的思想则几乎完全被忽视了。杜威明显就是他那个时代的丹尼特（D. Dennett），至少我们看到了他对心灵哲学表现出的热情以及对笛卡尔主义的批判。"[34] 拉科夫和约翰逊也指出，梅洛－庞蒂和杜威堪称"两位最伟大的涉身心灵哲学家"，他们都看到"我们的身体体验是我们所有意义、思想、知识以及交流的原初基础"[24], xi。

现象学与涉身认知

英美国家的现象学研究比较偏重对自然科学领域的影响。现象学家施皮格伯格

（Herbert Spiegelberg）曾说："在像美国这样的国家，现象学对这些外围领域（科学）的影响也许比对哲学本身的影响更显著更富有成效。"[41], 10 具体来说，现象学与实用主义之所以受到涉身认知科学家的关注，这不仅在于它们质疑洛克、笛卡尔等近代二分认识论模式及其左右的认知解释，而且在于它们提出心灵的体验性、身体主体和认知的情境性等新思想推动了涉身认知科学的研究。在现象学思想家中，胡塞尔、海德格尔、梅洛－庞蒂、舍勒、舒茨以及伽达默尔等都受到了当代认知科学及其哲学研究者的关注。

感知不是原子式的表征反映

在理解感知的问题上，经典认知研究一般持有原子式的表征理解，而大多数现象学家则普遍反对这种表征式感知解释。经典认知的表征式感知解释基于主客二分认识论模式，主张人们的感知是以原子式和符号化表征的形式对外部世界的反映，这一思想也成为现代信息加工等经典认知理论的哲学基础。

作为现象学哲学的开创者，通过对感知的现象学描述，胡塞尔指出感知并不是原子式的表征活动，任何感知活动都是对感知对象的一种整体性呈现。与传统认识论对感知现象的孤立和原子式解释不同，胡塞尔更加认同格式塔心理学的研究成果，更加强调了感知的整体性，或者说感知的视域性本质。感知的视域本质是指任何感知活动都不是对事物某一方面性质的简单和孤立呈现，而是涉及事物这一方面性质及其相关的没有被直接呈现的所有性质，也正是在此意义上感知被视为一种整体性的活动。例如，对一张桌子的视觉而言，人们通过某种透视映射看到桌子的一个侧面或者某一方面性质，这个直接呈现的侧面就是原子式表征主义所感知的"桌子"；在胡塞尔看来，人们之所以能够感知到这是一张桌子，仅仅依赖针对某一侧面的透视映射是不够的，还有对桌子其他侧面的透视映射所构成一种"视域"，这个视域与某一侧面的透视映射共同构成对"桌子"的感知。直接呈现与潜在的共现、直接显现的侧面与未被直接给予的侧面或者单方面透视与多重透射的视域，这些共同构成了意向认识活动的感知层面。现象学家施皮格伯格也就此指出，如果没有视域，那么"甚至连一个单个的知觉也不能说明"[41], 217。

梅洛－庞蒂更进一步批判了在感知问题上的原子式表征解释，批判了经验主义、实验心理学、行为主义、理性主义和格式塔心理学等为代表的近代感知觉理论，力图消除感知觉的任何理论前提，从而将感知觉还原为人类一切认识活动的存在前提。近代以来的经验主义知觉理论普遍持有原子主义的立场，即认为知觉由红色、圆形等个别独立的感觉印象或表征构成，梅洛－庞蒂批判了这种经验主义的知觉理论。在梅洛－庞蒂看来，根本不存在孤立的感觉材料，人们所获得红色、圆形等感知印象或表征都不能脱离它们的背景。经验主义知觉理论所设想的"物体确定性质"也不存在，因为感觉对象本身是变化的，所谓物体的"确定性质"只是一种理论设想。知觉也不是基于感觉表征材料的"联想"，因为"联想"所依赖的相似性和邻近性也只是一种理论分析的结果。此外，梅洛－庞蒂还批判了近代以来理性主义的知觉观。他认为，理性主义利用"注意"等心理能力来说明知觉，而引入"注意"这一主体能力来解释知觉恰恰排斥了真正的"知觉"体验。总之，经验主义和理性主义的知觉理论都基于某种理论前提的构造，或者说是一种科学的构造，这不是真正的知觉解释。对梅洛－庞蒂来说，知觉就是一种原初的体验，"知觉不是关于世界的科学，甚至不是一种行为，不是有意识采取的立场，知觉是一切行为得以展开的基础，是行为的前提"[42]。

感知包含行为的动感理论

在感知的现象学研究中，现象学哲学家还进一步展开了心理学中的动感（kinesthesis）的理论，这是一种基于行动的感知解释，也是一种原初感知的表现形式，同时也构成现象学认识论研究的一种基本成分。

在心理学家看来，动感是指身体运动的一种感知能力或活动，在我们的跑步、跳舞等日常身体活动中都会有动感的参与。与动感相关的概念还有本体感受性或者本体感觉（proprioception），这一概念由诺贝尔生理学或医学奖得主查尔斯·谢灵顿（Charles Sherrington）于1893年左右提出，指人们身体的肌肉、肌腱和关节等构成处所具有的某种感觉功能，后来被用于泛指身体及其器官对于运动、位置和方向的一种感知能力，因此有心理学家也将动感看作本体感受性的重要构成。胡塞尔吸收了同时代心理学家所提出的动感概念，在对认知的现象学描述中明确了动感的基础作用。按照现象学家黑尔德（Klaus Held）的解释，动感就是指"感觉的感知"（"感知"在希腊文中是"aisthesis"）和"有我所进行的身体运动"（"运动"在希腊文中是"kinesis"）所构成的"不可分解的统一"。胡塞尔的动感理论表明了感觉的原初状态，表明了一种基于行动的感觉观，同时在哲学上导向了对笛卡尔主义的批判。胡塞尔指出，"感觉从一开始就包含着世界，因为它始终包含着行为、包含着基本的主动性"，可见动感理论力图消除由意向主体和意向对象所构成的意向性关系中不彻底的二元论嫌疑。[43]

动感强调了身体行为与感知活动的统一性，揭示了一种区别于生理身体的活的身体的现象身体观，从而强调了身体在认知活动中的主体性作用。加拉格尔对此指出，"胡塞尔已经大体勾勒出了一种区别于笛卡尔客观身体观（身体被视为一种处于空间中具有广延性的对象，或者被视为一种生物科学的研究对象）的涉身性观念，以及一种我体验和借以行动的活的身体（Leib）观念。正是这种活的身体调整着我们与世界的互动承载，并且按照胡塞尔的看法，这一身体的活的性质就体现为'我能'（I can）。我通过我所有可能的身体运动和行为来接近外部世界。我通过一种我的身体所决定的自我空间框架来体验外部世界。"[34]

在同时代心理学和胡塞尔现象学动感理论的影响下，梅洛－庞蒂更为系统和明确地表达了身体－主体的思想，从而充分拓展了胡塞尔的动感理论。在批判传统主客二分模式的知觉理论时，梅洛－庞蒂尤其批判这一模式下对人类身体的单纯物理和生理意义的解释，从而在视觉等感知活动中揭示了活的身体的作用。例如，梅洛－庞蒂指出，在视觉或者说"看"的知觉活动中，人们常常忽略了作为身体组成部分的眼睛的主动作用，眼睛往往被理解为一种内在心灵反映外在对象的被动生理装置。在梅洛－庞蒂看来，上述理解并不正确，知觉活动不是内在心灵的主导的结果，作为活的身体组成部分的眼睛自身就是能动的，它才是知觉活动的真正主体，不存在内在心灵。梅洛－庞蒂解释道，就我们能够看到一个事物而言，"视觉连接着运动，这也是真的。人们只能看见自己注视的东西。如果眼睛没有任何运动，视觉将会是什么呢？"[44] 正是活的身体在知觉活动的主体性作用，使得梅洛－庞蒂提出了一种以身体行为核心的行动知觉观念，阐述了一个以行为为核心的意识观念，即"意识最初不是'我思……'，而是'我能……'"[42], 183。

认知活动的情境性

从人类存在的意义上来理解认知活动，改变了认知是内在主体的一种抽象的和孤立的活动的观念，这也相应展示了一种与情境密切联系的认知观，或者说原初认知活动具有情境性的思想。现象学家海德格尔和梅洛－庞蒂都认同认知的情境性特征，尤其是海德格尔更为强调认知的情境性，其情境认知的思想也颇受认知科学及其哲学家的关注。例如，人工智能科学家布鲁克斯说，"我们的研究的确与德国哲学家海德格尔所激发的某些研究具有某种相似性"[21], 97。德雷福斯也指出，当经典认知理论的代表人物威诺格拉德（Terry Winograd）意识到其研究所面临的困难后，"现在他在斯坦福的计算机科学课程中讲授海德格尔"[11], 442。韦勒则将与经典认知理论

不同的涉身 – 嵌入式认知新范式概称为一种海德格尔式的认知科学（Heideggerian cognitive science）研究。

在海德格尔看来，以情境性为本质的认知活动也称一种不同于反思性认知的反思前的认知，这种反思前的认知活动因为是人们日常生活的常态形式，因此这种认知也被称为日常认知（everyday cognition）。情境性是这种日常认知的本质特征，或者按海德格尔的说法，日常认知表现为一种人与环境之间的"上手"状态（Readiness-to-hand）。这种状态不是一种静观和反思的活动，而是一种"用我们的身体以合适的方式熟练地掌控事物"的原初状态。例如，当人们走进办公室的时候，人们一般不会思考办公室的门有多大，是否能够让自身进入，人们只是打开它，也不会沉思桌子或者椅子的尺寸，而是会心不在焉地自然坐下，并且带着对诸如某个问题或者某个信件的关注开始工作，办公室的门、桌子、椅子和电脑等就是以一种人们与其自然互动的方式潜在存在，它们就处于预备上手的（ready-to-hand）的状态。日常认知也就是人们与这些物品打交道的存在状态。在描述此在（Dasein，即海德格尔所理解的人或主体）的这种原初存在时，海德格尔还通过人们对锤子的使用形象说明了这种原初"上手状态"。海德格尔指出，在人们使用锤子的过程中，"对锤子这物越少瞪目凝视，用它用的越起劲，对它的关系也就变得越原始，它也就越发昭然若揭地作为它所是的东西来照面，作为用具来照面。锤子本身揭示了锤子特有的'称手'，我们称用具的这种存在方式为'上手状态'"[45]。人们使用锤子的这种状态揭示了日常认知的情境性和非反思性的特点，这不同于笛卡尔主义的孤立性、静观性、反思性的认识解释。加拉格尔说，按照海德格尔的看法，"在我们大多数应付环境的日常活动中，我们都不是首先认知性地遭遇对象，并且由此决定这些对象是什么并且它们能够被用作什么。认知是一种依赖于我们与事物之间的原初实践互动的一种在世之在的'根本模式'，也就是说，在我们思考事物或者照其样子知觉它们之前，我们已经沉浸在这些事物的实践意义之中"[34]。

对于日常认知的上述理解表明，海德格尔揭示了日常认知活动中原初认识主体就是一种情境性存在。或者按照海德格尔的语言描述，"此在"是一种情境性存在，是一种"在世之在"。此在（智能主体）本身与世界处于一种牵引或者因缘（involvement）关系中，任何一种认知活动都处于这种牵引或者因缘整体性之中，或者说任何一种认知活动都不能脱离其情境性背景。正如有学者指出，"总的说来，海德格尔总是将那些由境域引发的和相互牵引的认识方式看作更原本的和更在先的；而视那些以主客相对为前提的和依据现成的认知渠道（比如感官）的认识方式为从出的和贫乏化了的"[46]。可见，在海德格尔那里，人类日常认知首先并且本质上是一个共享的世界，或者说是一种情境性的、与他人"共在"（being-with）的、不能脱离社会文化背景的认知活动。与这个共享世界相比，任何个体的主观世界都只能看作是一种次级现象，因为它们首要地都奠基和嵌入于更为根本的自然与社会文化情境中。

作为最具独创性的现象学家之一，梅洛－庞蒂也明确表达了认知的情境性或情境性认知的思想。认知科学哲学家克拉克说："对身体、环境等因素在认知中作用的系统论述，最早可以追溯至梅洛－庞蒂1942年的《行为的结构》。"[47], 36 事实上，当梅洛－庞蒂在批判经验主义和理性主义的感知观以及在表达感知与行动不可分割的思想时，就已经蕴含了感知的情境性本质的思想。例如，梅洛－庞蒂所描述的知觉含混性（ambiguity）特征就表明了知觉活动的情境性特点。在梅洛－庞蒂看来，知觉活动本质上就是含混的，而非如笛卡尔主义者所追求的那种明晰性。知觉本身的这种含混性在很大意义上源于知觉对象等所决定的知觉情境性：一方面，知觉活动的形成依赖于知觉对象所处的背景，而不是依赖于孤立的知觉对象；另一方面，知觉活动不仅是对知觉对象的可见性质的知觉，知觉活动也离不开对知觉对象的不可见性质的知觉。梅洛－庞蒂以缪勒－莱尔错觉（Müller-Lyer illusion）来例证知觉的含混性，即缪勒－莱尔错觉所体现出的两条直线的相等与不等的交替变化（参见图 3.2），就体现了这种知觉对象的含混性。缪勒－莱尔错觉表明，知觉不仅是对对象呈现面的知觉，而且是对这个物体朝向其他事物的任何面的知觉；知觉不仅是对知觉中心事物的认识，而且是对其背景事物的知觉；知觉不仅是对可见性质的知觉，同样也是对不可见性质的知觉。可见，缪勒－莱尔错觉的形成离不开知觉对象的整体性背景，这表明情境正是知觉活动的构成因素；或者说，人们自身所处的世界和情境塑造了人们的知觉，知觉在构成上就是情境性的。

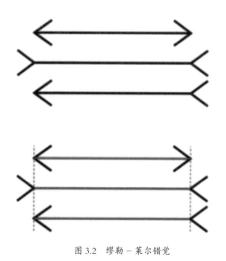

图 3.2　缪勒－莱尔错觉

基于认知的情境性本质理解，加拉格尔如此概括了笛卡尔主义及其经典认知研究与现象学及其情境认知研究之间的关系。他说："由于情境性的存在在一定程度上常常没有被察觉，因此我们对自我存在的感受常常是令人奇怪的不完备并且可能被误导——这种感受基于古典认知科学以及强人工智能遇到的问题而展现出来。与此同时，这种不完备性就是我们存在意义的构成，并且与我们理解的局限性密切相关。海德格尔也表明对下述哲学的某种警觉，即任何一种首先将世界理解为广延的东西（笛卡尔所理解的一种具有广延和占据空间的事物）的世界哲学，或者是任何一种首先将心灵理解为思维东西的心灵哲学，即主张心灵是一种思维实体或者存在。笛卡尔主义本体论所忽视的恰恰就是海德格尔所描述的某种情境性。对于笛卡尔来说，事物（不管是广延或者思维的）都是一种实体，海德格尔则将其解释为一种上手存在，并且明确不是那种使得我们一直处于情境中的（预备上手）的那种形式的存在。实际上，对于笛卡尔来说，基于一般形而上学以及自然科学，事物的那种存在，包括人类存在的实体，就是我们通过清晰的（第三人称）观察态度获得理解的存在，并且就是通过认知公开分析的存在，这种认知就是'我们通过数学和物理学获得的那种知识意义上的理智认识'。海德格尔存在主义的分析意图揭示，人类存在明确不是某种上手之物，不是某种处于他物中的对象，而是在世之中，也就是说，人类存在总是以世界首先预备上手的方式而情境性地存在。"[34]

认知的无表征性

在对认知特征上的理解上，诸如海德格尔和梅洛－庞蒂等现象学家提出了认知活动原初是无表征性的思想。

在知觉问题上，梅洛－庞蒂提出了知觉的无表征性，即知觉活动不需要内在心灵及其反思的建构，知觉活动原初基于身体与外部对象的直接关联。在空间知觉问题上，梅洛－庞蒂指出身体的空间知觉活动本质上是无表征性的。在梅洛－庞蒂看来，空间知觉存在着客观空间与身体空间之分。客观空间是一种反思推论意义上的空间，是一种机械性的"位置的空间性"，也是一种基于科学理论前提所建构的空间；身体空间比客观空间更为原始和根本，它是存在论意义上的空间，是不依赖于反思意识就可以产生的一种物体之间的"上""下"等空间关系意识，身体空间所表现的是身体在环境世界中的一种"侵入"，是一种身体相对于不同处境的"情境空间性"。从根本上说，"位置空间性"的知觉依赖一种需要表征中介的反思或者推断的介入，而"情境空间性"的知觉则体现为一种不需要表征的体验或者直觉。梅洛－庞蒂举例说："如果我站着，手中紧握烟斗，那么我的手的位置不是根据我的手与我的前臂，我的前臂与我的胳膊，我的胳膊与我的躯干，我的躯干与地面形成的角度推断出来的。我以一种绝对能力知道我的烟斗的位置，并由此知道我的手的位置，我的身体的位置，就像在荒野中的原始人每时每刻都能一下子确定方位，根本不需要回忆和计算走过的路程和偏离出发点的角度"。[42], 128

在现象学家中，梅洛－庞蒂提出了身体意向性（bodily intentionality）观念来解释知觉的无表征性特点。这种身体意向性观念源于胡塞尔的意识意向性关系理论，不过，梅洛－庞蒂是在存在论的意义看待身体意向性，这种身体意向性表明的是身体主体与世界的最初的感知联合体（a unity of sensations）。[48]这种从胡塞尔的意识意向性向身体意向性的创造性改造，更为有力地论证了作为原初活动的知觉是无表征性的思想。梅洛－庞蒂说，"身体的运动就是通过身体朝向某物体的运动；就是让身体对物体作用做出回应，而这一回应是独立于任何表征的"[49]。这种身体意向性的无表征性，就像人们把汽车开到一条路上时，不需要比较路的宽度和车身的宽度人们就能知道"能通过"，也像人们通过房门时不用比较房门的宽度和我的身体的宽度一样就可以通过。德雷福斯从熟练应付活动等方面的研究上也明确指出了梅洛－庞蒂的智能无表征思想。他说，"主流认知科学主张智能行为必须基于心灵或者大脑中的表征，与之相反，梅洛－庞蒂认为，作为最基本的智能行为，熟练应付能够并且必须无须求助表征加以理解。"[50]

移情的身体间性解释

现象学家还提供了对情感和移情等认知活动的一种在身体交往层面上的解释。这种身体交往层面上的解释既反对笛卡尔主义基于独立心灵的反思性解释，也不同于基于经验主义感知观的反思性解释，这种基于身体体验的现象学解释为情感和移情等社会认知活动的涉身认知研究提供了重要启示。

在现象学家中，马克思·舍勒为移情（empathy）现象提供了一种基于身体间性的现象学阐释。舍勒反对利用模仿论等反思性理论来解释移情这一社会认知形式，主张将移情等社会交流现象理解为一种本质性的、不可还原的意向性形式。这种意向性形式直接指向他人的体验，其借助于面部表情和手势等表达方式，这些表达方式是直接、非推论地朝向他人体验生活的通道。总之，这种产生移情的意向性是一种基于身体活动的意向性。梅洛－庞蒂将移情等社会认知在身体交往层面上的解释概括为一种"身体间性"（intercorporeality）的思想，并且利用儿童发展心理学研究成果来说明身体间性的思想。例如，梅洛－庞蒂指出，如果我们把一个15个月大的婴儿的一个手指放在我们嘴里，并且装出要咬的样子，那么这个孩子也会张开嘴。孩子做出这个动作，既不是出于某种"先验意识"（比如思考之后的行为），也不是出于"某种类比"（比如通过镜子映射之后的行为），而是因为婴儿从内部感觉到，自己的嘴和牙齿一开始在他看来就是咬东西的器官，因为从外面看到的我的下颌，一开始他就已经明白同样的器官具有同样的意向。所以，对于这个婴儿来说，"'咬'直接有一种主体间的意义"，这种主体间的意义首先呈现于我与婴儿的身体意向的交互之中，即"他感知到在他的身体中的他的意向，和他的身体在一起的我的身体，并由此感知到他的身体中的我的意向"[42], 443。在梅洛－庞蒂看来，他人的存在真正成为问题是在成人阶段才会出现的问题，如同皮亚杰所主张，孩子后来才开始出现与自我分离的他人问题。尽管在成人阶段，身体意向性及其身体的主体间性依然存在，但是不可否认，反思性的意识意向性也开始出现并逐渐居于主导地位。社会认知也从基于身体意向的阶段进入更为复杂的甚至是受到意识意向性所主导的阶段。

　　另一位重要的现象学家舒茨更全面地拓展了舍勒关于移情等认知活动的解释。具体说，舒茨引入了认知的情境或背景因素，更全面拓展了基于身体意向性的社会认知理论。他认为，舍勒在解释直接通达他人体验时仅仅关注了表达动作，这是不充分的，实际上除了表达动作（没有任何沟通意图）之外，还应关注表达意图等更大范围内的表达行为。舒茨更进一步指出，人际理解包含着对他人行为的理解，包含着对他人的所为、意义以及动机的理解，而为了充分揭示这些方面的人际理解，简单地观察表达动作和表达行为依然是不够的，还必须诉诸高度结构化的意义背景或情境。当代哲学家扎哈维（Dan Zahavi）非常重视舒茨对舍勒思想在移情等问题上的反思，尤其分析了舒茨观点对于当代涉身的社会认知科学研究的意义。总体而言，舒茨主张人际理解具有多种样态和形式，单一的模型不能恰当地处理所有多样性。人际理解的最基本形式，即在面对面的相遇中呈现的人际理解，是一种无须理论中介的类感知能力，该能力直接将其他生物识别为有灵魂的生物，而且这意味着一种不可还原的独特的意向性。当涉及理解他人行为时，舒茨主张，在那些他人和我们在身体方面共现的情况下，我们完全无须依赖想象、记忆或者理论（虽然三者都可能偶尔参与），鉴于我们在一个共有的世界里彼此相遇，更为富有成效的是关注共有的动机背景和情境。[51]

第四章

涉身认知与知觉

人类的智能或者认知活动大体分为两类：一是在线智能或者在线认知（online cognition），其包含感知觉、想象、意识和情感等体验性、前语言、非反思性的智能或认知现象；二是离线智能或者离线认知（off-line cognition），其包含思维、推理、语言等反思性的、命题式的智能或认知现象，也是所谓比知觉等更为高级的智能形式。总体来说，经典认知对在线认知和离线认知都采用了表征计算主义的研究策略。涉身认知与经典认知不同，它在在线认知问题上提出了知觉密合行动的思想，而在离线认知问题上则提出了思维接地知觉的思想，并且总体上在知觉和思维等认知问题上与表征计算主义研究策略保持了适度的距离。

在经典认知科学研究框架中，知觉活动的科学研究深受笛卡尔主义二元论模式的影响，知觉活动被理解为内在心灵对外部世界的一种直接或间接反映，也就是一种过对外部对象属性的表征计算建构。在涉身认知科学研究框架中，知觉的解释和建构不再依赖表征计算模式，而是依赖身体与外部环境的交互作用，从而展现出一种注重身体与情境交互的行动知觉观。

表征主义知觉观

知觉是人类在线智能的重要形式，传统的知觉理论在哲学和科学上可以归结为一种表征主义的知觉理论。表征主义的知觉理论将符号表征作为理解知觉活动的关键，并且以此来建构表征活动。在认知科学发展过程中，表征主义的知觉理论在心理学和人工智能等领域中长期占据主导地位。

知觉的表征主义理论

知觉的表征主义理论是近代主客二分认识论模式下的必然体现。在近代认识论中，主体和客体的分离假设导致了某种中间层面的认知成分的存在，而这种中间成分相应被视为理解知觉等认知活动的重要要素。正如现代哲学家洛克（Don Locke）所说，近现代以来的知觉理论有一个共同的前提，即将觉知材料作为知觉活动中心灵与外部对象之间的必要中介[①]。表征主义知觉理论主张，作为中介的这些内在的觉知材料就是心灵对外部对象及其属性的内部表征或者反映，而这些表征或反映正是所谓感觉活动的结果，知觉活动则是在这些表征式感觉结果的基础上形成的。当代许多心灵哲学家也坚持了这种正统的知觉理论，福多和皮利辛（Zenon Pylyshyn）也将哲学正统知觉理论称为知觉上一种权威观点（"Establishment View" of perception）。知觉上这种权威观点认为，知觉就是对以表征形式存在的感官信息的加工活动，具体来说，知觉就是指大脑或者大脑中的某种专门功能亚系统，将感官接受装置对相关环境属性的表征信息加以编码组合的活动。在这种知觉解释中，参与活动的感官生理装置是被动的，它们自身不足于形成对周围环境的知觉，知觉活动必须被理解为某种具有逻辑归纳推论的内在心灵活动。

经典认知科学研究接受了这种正统的知觉理论，表征主义知觉理论甚至一度左右着认知心理学和人工智能等经典认知科学领域中的知觉研究。例如，心理学家格列高里（Richard Gregory）利用表征主义知觉理论将知觉视为一种对外界信息的编码活动。人工智能学家马尔（D. Marr）在表征主义知觉理论框架下将人类视觉活动视为一种信息加工或者表征计算活动。联结主义者保罗·丘奇兰德（Paul Churchland）则将感知觉活动理解为大脑表征的生理计算活动。丘奇兰德举例说，人们当前视觉中"难以用语言表达的"粉红色，可以充分而准确地表达为一个相关的三元一组的大脑皮质系统中的"95Hz/80Hz/80Hz 的频率调和"。也就是说，知觉活动可以被理解为大脑中某种功

[①]这种觉知材料可称为觉象，也就是约翰·洛克所讲的观念（ideas）或者是贝克莱所讲的感觉（sensations）。Locke, D. Perception. London: Routledge. 1967, 22.

能组织和模块的自主表征计算活动，这种表征不再是内在心灵中的观念，而是被查尔默斯等人称为"意识的神经共联"的大脑中的某些神经元活动。总体而言，在经典认知科学研究框架下，知觉的理论解释包含下列构成因素：知觉活动依赖于神经元等生理基础；知觉是大脑生理活动的某种自发活动；知觉是对感官信息的某种表征计算活动。

经典认知及其所依赖的表征主义知觉哲学受到多方面的挑战。从哲学层面上看，主客二分认识论模式下的表征主义知觉理论被视为一种客观主义知觉理论，其最大问题是知觉理解建立在主客二分的理论假设基础上，这种知觉理论从而忽略了知觉认知的动态性和主体交互性等特点，从而造成对具有强烈主观性质的知觉活动的解释难题。具体来说，表征主义知觉理论很难解释内在观念与外部对象的关系，更不能解决传统二元论的理论难题；表征主义知觉理论也很难解决感觉质或知觉现象学性质的难题；现代哲学通过语言逻辑分析对知觉理论的发展不能取代知觉本身的心理属性。从科学实践上看，表征主义知觉理论体现了一种典型的形式化和计算化特征，这种知觉研究是一种对人类真实知觉的人工建模，它不能真实地再现人类知觉活动。联结主义重视大脑等生理机制与知觉活动的关联，但是联结主义依然将知觉生理装置视为一种被动因素，这就很难解释大脑生理活动如何生成了更具个体性、丰富性的知觉体验。总之，在哲学与科学发展中面临的这些局限性迫切要求人们重新审视表征主义知觉理论。

涉身认知对表征知觉观的质疑

表征主义知觉观在哲学和科学上都受到了一些批评和质疑。维特根斯坦曾经讨论这样一个例子，如图 4.1 所示的这个立方体，基于表征主义知觉理论，那么我们就不能理解为什么同样的这张立方体插图既可以被理解为玻璃立方体，又可以被理解为一个铁丝框子，但是如果我们用体验主义的主客体交互方式而非表征主义的客观方式来解释知觉，那么我们就能够明白可以对其知觉的形式有上述差异。维特根斯坦说：

图 4.1　立方体

"在这里是一个玻璃立方体，在那儿是一个倒置的开口盒子，在那儿又是具有这种形状的铁丝框子，在那儿是由三块平板构成的一个立体角。课文每次都为这插图提供解释。……因而我们解释它，并且像我们所解释的那样来看它。这里，或许我们要这样来回答：通过一种解释对直接经验所进行的描述，即对视觉经验的描述，乃是间接的描述。'我把这图形看作一个盒子'意味着：我有一种特定的视觉经验，我从经验中发现当我把这图形解释为一个盒子或当我看一个盒子时我总是有这种经验。但如果它就意味着这个，那么我就应当知道它。我应当能够直接地而不是仅仅间接地指称这种经验。（正如我可以说到红色而不用把它称为血的颜色一样。）"。[40, 295] 由此可见，维特根斯坦的论述表明，表征主义知觉观是一种间接经验的表达，这是基于某种理论的知觉解释，如果要理解真实的直接知觉经验，这就需要放弃表征主义的客观知觉理论。

当代的涉身认知科学研究正是试图克服表征主义知觉理论所遇到难题，从而解释维特根斯坦所说的直接知觉经验的一种理论尝试。涉身认知科学框架中的知觉理论强调知觉与行动的紧密关联，其知觉密合行动的主题正是表现了对表征主义知觉解释的质疑。总体而言，知觉密合行动的思想在涉身认知研究中存在两种针对表征的理解：一是温和主义的主张，即知觉活动中存在表征，但是这种表征不是静态的，而是非中介的、动态的行动表征；二是激进主义的主张，即在知觉活动中不存在表征，不管是何种表征在基于行动的知觉活动中都不存在。

温和主义的涉身知觉观主张，知觉与行动的密切结合并不意味着表征的消失，而是体现为一种行动的表征对传统的中介性和静态性表征的替代。克拉克指出，涉身知觉理论并不拒绝表征，而是可能指向一种面向行动的表征（action-oriented representation）。他说："涉身模型中的表征并没有完全消失，并不意味着无表征。而是更经济的表征、更加受行动导向的表征。"[47], 40 克拉克在哲学层面上将这种对传统表征知觉观的修正立场称为一种最低程度的笛卡尔主义（Minimal Cartesianism）。韦勒也指出，像布鲁克斯等人虽然明确了一种无表征智能的立场，但是其所进行的人工智能研究实质上也不是完全取消表征，而是立足身体与环境的交互作用展现了一种面向行动的表征思想，是一种随时反映情境变化的即时表征。布鲁克斯本人也指出，其人工智能研究所设计的由接受感觉输入、躲避物体、漫游、探索、映射、知觉变化、识别物体、相对于环境改变规划以及对物体行为做出推理等不同层面能力所构成的包容构架（subsumption architecture），表明认知活动不再求助于外部计算机控制的表征计算，但是将依赖行为针对环境产生的模块，而每一个模块都联结着感觉和行动[21], 67。布鲁克斯的自主行为机器人设计不需要场外计算机的指令，但是它却需要一种面向行动与环境的包容构架，这意味着一种面向行动和面向情境的新表征。

布鲁克斯提出的基于行为的包容构架与按照感知-规划-行动过程的串行结构不同（参见图4.2）。包容构架是基于感知与行为之间映射关系的并行结构，其中上层行为包含了所有的下层行为，上层只有在下层的辅助下才能完成自己的任务，而下层并不依赖于上层，下层的内部控制与上层无关。例如，假设有一台扫地机器人，它的任务是要把整个房间打扫干净。如果采用感知-规划-行动模型设计机器人并试

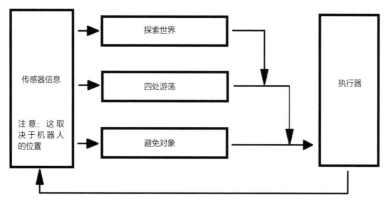

图 4.2　布鲁克斯的包容构架

图完成扫地任务，那么这个机器人将按照预先设定的路径，从而将整个地面清扫完成，但是如果在扫地时环境中诸如一把椅子等因素在规划的时候被忽略了，那么这个机器人很可能就会不知所措，从而无法完成扫地的任务。如果机器人采用基于行为的包容构架模型，那么这台机器人就可以根据碰到的情况实时调整行走路线，尽管这个机器人可能会乱走，但是它最终可以完成打扫房间的任务。这个例子表明，基于行为的包容构架的机器人并没有取消表征，而是采用了基于行为表征的包容构架。

在涉身认知的研究进路中还存在着一种激进主义的涉身认知观，这种观点主张，知觉与行动的密切结合意味着知觉的无表征。在涉身认知研究中，认知动力学假设（the dynamical hypothesis）被用于建构无表征的认知理论。动力学系统的认知理论提供了一种在知觉等问题上消除表征假设的分析工具和方法。例如，作为激进的涉身认知理论家的瓦雷拉和汤普森主张用一种非线性的突现理论来取代表征模型，他们将动力学系统理论特别是非线性的突现理论作为替代传统表征的涉身认知科学的重要解释工具。[52] 此外，戈尔德也认同用认知动力学假设来替代正统表征主义理论假设。在戈尔德看来，认知动力学假设主张心灵不是计算机，认知系统是动力学系统，认知活动不是计算活动而是不同认知系统在状态空间中的进化。[36] 戈尔德将英国工业革命时期关于燃料自动控制器技术设计的计算控制器（the computational governor）和向心力控制器（the centrifugal governor）两种方案应用到认知科学研究中。他认为计算控制器方案更近似于表征计算主义认知研究，而向心力控制器方案则是暗合了一种认知的动力学理论，认知系统在这种方案中成为一种动力学装置，其活动的完成不需要求助于复杂的表征计算。

涉身知觉的几种理论

在现代哲学与科学针对表征主义的质疑中，相继产生了各种非表征主义知觉理论的探索。这些非表征主义知觉理论都可以归结为涉身知觉理论发展过程中的构成部分，尽管这些理论的名称有所不同，其理论的关注点也不尽相同，有的关注知觉的情境构成，有的关注知觉的感官运动系统等，这些理论的共通之处都是质疑表征主义知觉观，并且它们都推动着一种更为成熟的涉身知觉理论的形成。

生态主义知觉理论

产生于 20 世纪后半叶末期的吉布森的生态主义知觉理论（The Ecological Approach）被视为对正统的表征主义知觉理论的重要突破。

在吉布森看来，知觉并不是发生在知觉主体大脑中的一种事件，而是生物体整体的某种行为，是一种指导主体探索环境的活动。与表征主义的正统知觉理论相比，生态主义知觉理论的特点主要体现为以下几个方面。第一，生态主义知觉理论反对将知觉视为大脑某个功能组织参与的活动，相反，知觉是知觉主体整体参与的活动。第二，生态主义知觉理论主张，知觉不是在反映环境的有限感官意象的基础上，通过表征组合而形成的某种内在模型，相反，知觉是知觉主体与环境之间的一种直接关联，以及相应对进一步行动的指导。第三，生态主义知觉理论主张，知觉是直接性的活动，知觉不需要感官表象或者表征作为中介。可用的知觉信息不是来自视网膜等生理器官的一种反射，而是直接来自生物体所探索的周围环境。知觉的直接性是吉布森生态主义知觉理论的核心假设，这一观念认为，基于生物体对周围环境结构的感受性使得知觉主体与环境发生了直接联系，这种直接联系就是知觉。这样一来，与表征主义知觉观不同，一方面知觉是积极的，生物体通过眼睛、头和身体来直接感受环境并且在环境中移动和应对，所谓的视知觉不再是一种对静态物体的影像，而是某种动态视觉流；另一方面，在这种视觉流与环境的可见属性之间产生并存在着某种有规律的共联，由于知觉主体潜在熟悉这些有规律共联，因此它们就能够从环境中吸取特定内容，而不必通过信息加工从有限感官意象中重构环境。

【小资料】视崖实验

詹姆斯·吉布森的妻子埃莉诺·吉布森（Eleanor Gibson）与理查德·沃克（Richard Walk）在 20 世纪 50 年代中期完成的一项实验研究。这个在心理学史上占有重要地位的实验研究源于在行为农场的一次接生山羊的经历。吉布森刚完成第一头小山羊的清洗，第二头就要生出来了。她正不知所措时，农场主说："把它放在台子上。"那是一个 1 英尺①见方的高台。她担心"它不会摔下来吗？"农场主向她保证不会。她把那只还湿湿的小东西放在台子上，它稳稳地站在上面，还不时环顾四周。看来，山羊有与生俱来的在悬崖边幸存的能力。四年后，他们萌发了通过模拟"悬崖"来探究婴儿的深度知觉是先天的还是后天的实验构想。他们做了鸡、羊、狗、猫等实验，结果发现它们天生地能感知避免摔下人工的悬崖装置。他们又将人类婴儿作为实验对象，

①1 英尺 =30.48 厘米

在实验过程中看，当母亲从视崖的一边呼唤孩子时，大部分婴儿拒绝穿过视崖，他们远离母亲爬向浅的一侧，或因为不能够到母亲那儿而大哭起来。婴儿已经意识到视崖深度的存在，这一点几乎是毫无疑问的，或者说，婴儿也似乎天生地能感知避免摔下悬崖。尽管这项实验的结果，即深度知觉的先天论受到质疑，但是詹姆斯·吉布森在《视知觉生态论》等著作中还是从进化论的观点提出了对视崖实验结果的一种生态主义解释。他认为，人类是两脚着地的动物，行动时头部离地较远，一旦跌倒头部受伤较重，因此，为适应两脚着地这一生态环境的需要，长期以来，人类的视知觉系统中进化出一种对三维空间的适应能力，这种能力是不需学习的。吉布森的这种直接知觉理论也称视知觉生态论。

（参考熊哲宏：《你不知晓的 20 世纪最杰出心理学家》，中国社会科学出版社2008 年版）

生成主义知觉观

在当代涉身认知科学研究的发展过程中，马图拉纳和瓦雷拉等生物学家在认知问题上提出了自创生的理论并且由此提出了一种生成主义知觉观（The Enactive Approach）。

在马图拉纳和瓦雷拉等人看来，生命体的神经生理系统并不是一种针对外部世界的内在表征所编码的输入 – 输出系统，相反，神经生理系统在自身自组织活动的基础上可以产生一种基于身体有机体的知觉 – 运动活动域，而这正是知觉等认知活动的生成之所。所谓有意义的知觉信息不是在头脑中以外部世界为模型而存在的一种内在表征，而是有机体与其所处环境之间结构耦合作用（the structural coupling）的一种生成结果。例如，就颜色视觉而言，不同的生物体对于颜色的视知觉只能通过生物体与自身环境的知觉 – 运动耦合而生成，不存在普遍性和客观性的颜色知觉，这种基于自创生理论的视觉观就是一种生成主义的颜色视觉观。

瓦雷拉等人也将这种生成主义的知觉观称为一种涉身行动（Embodied Action）的知觉理论，意即将知觉理解为生物体身体与环境之间一种不断生成的行动。他们认为，传统的知觉观都是一种知觉的表征主义理论，即"都把表征作为理解视觉以及认知的核心概念：客观主义用表征来重现外部实在；主观主义用表征来投射内部状态"。而涉身行动的知觉理论则在知觉问题上摆脱了表征主义的弊端，并且超越表征主义知觉理论所依赖的"内在与外在的（I/O）区分模式"。例如，基于涉身行动的颜色视觉观可以这样来解释，"颜色既不是独立于我们的知觉和认知能力的'外在存在'。也不是独立于围绕我们的生物和文化世界的'内在存在'。与客观主义观点相反，颜色分类是依赖于主观体验的；与主观主义相反，颜色分类又依赖于我们共同的生物和文化世界"[29], 172。瓦雷拉等人认为，所谓"涉身行动"就是"生成"，这种"生成"知觉观包含两层含义。一是知觉就是被知觉地导向的行动；二是认知结构呈现于循环的感官运动模式中，正是这些感官运动模式使行动被知觉地导向。这一理解与现象学的知觉观暗合，正如梅洛－庞蒂所举的例子，在猎人捕捉动物的活动中，"当眼睛和耳朵追踪一只逃跑的动物时，在刺激与反应的交替中，要说出'哪一个先开始'是不可能"[53]。生成知觉观表明，知觉就是身体的行动，知觉的过程就是身体行动在环境中的不断循环生成，在这个循环连续生成过程中，知觉不仅通过身体行动嵌入于环境，而且知觉还参与着环境的生成。

【小资料】马图拉纳和瓦雷拉的自创生理论

自创生理论（Autopoiesis）由智利生物学家马图拉纳和他的学生瓦雷拉首先提出的。马图拉纳和瓦雷拉都将活体细胞作为生命系统的基本自然构成。自创生意味着这种细胞的持续性的自我生产。在他们看来，生命系统就是认知系统，生命活动就是认知活动，所有的生命体都是如此，不管生命系统是否具有某种神经系统（参见 Maturana, Humberto R., Varela, Francisco J. Autopoiesis and Cognition: The Realization of the Living. Dordrecht: Reidel, 1980, 13）。基于这一思想，二人将生命系统的自创生运用于认知问题上，即认知的生物学研究。他们的理论也被称为"圣地亚哥认知理论"（Santiago theory of cognition），以他们为主也形成了"圣地亚哥学派"（Santiago School）。基于生命系统与认知系统的一致性，生命系统是自创生的，同样，作为生命系统功能的认知系统及其活动也是自创生的，它自我生成，自我组织。诸如石头等无生命系统则是不能自我产生的或者说是它生产的(allopoietic)。概而言之，自创生系统意味着一种动态的系统，它是一个由部件生成的网络合成的实体，该实体满足：①通过相互作用迭代的再生产产生它们自己的网络；②该实体必须被认为是一个整体系统，并且它能够自我产生自身的边界。

能动视觉理论

人工智能学家巴拉德（D. Ballard）等人基于认知科学实践，概括了一种质疑表征主义知觉模型的涉身知觉理论——能动视觉理论（Animate Vision）。

在巴拉德等人看来，表征主义视觉研究可称为"纯粹视觉"（pure vision）研究范式，这种知觉范式以静态的视网膜意象为表征存在，并且将这种表征存在进行抽象化操作，以此解释视觉系统如何导出某种客观世界的模型。纯粹视觉的传统理论将视觉活动分解为若干模块，这些模块与运动之间没有关联，因而是它们的作用消极的。反之，能动的视觉理论主张知觉活动不能脱离身体所处的场景，感官运动相关联的整体活动共同构成了知觉活动。能动视觉理论立足于眼动和注视等生理功能之间的感官运动循环，来解释知觉主体如何能够收集环境中的有意义信息。能动视觉以此将视觉活动分解为指导行动和探索活动的视觉运动（visuomotor）模块，这种基于行动的视觉理论也就不再需要某种传统的视觉表征。在巴拉德等人看来，如此理解的视觉的任务不再是建构一个针对三维空间的内在表征模型，而是依据实在环境和实时行动的需要，有效和经济地利用视觉信息并且相应指导行动的活动。他们指出，在这种基于身体行动的视觉研究范式中，行动的作用是首要的，而基于内在表征或者信息的形式化加工和计算则是次要的。[54]克拉克对此评论说，巴拉德的"能动视觉"研究与马尔的视觉计算理论相比具有两个重要突破：一是身体行动（例如眼睛的扫视运动）承担了计算的重要功能；二是主体与环境的持续互动消除了创造通用、丰富内在表征模型的需要。[47], 40

感官运动偶发理论

在批判表征主义知觉理论并且吸收现象学知觉思想的基础上，哲学家诺伊（Alva Noë）提出了关于知觉的感官运动偶发理论（The Sensorimotor Contingency Theory）。

在诺伊看来，表征主义知觉观可被称为一种拍照式的知觉体验观。按照这一理论，视觉过程被视为眼睛对外部对象的一种拍照式反映，而大脑则将所获得的离散信息进一步整合为一种稳定的模型或者表征。马尔基于信息加工的计算主义视觉理论就是这种拍照式理论的典型，也就是说，大脑将视网膜上的离散信息转化为稳定的表征，而知觉则是对这些表征的进一步加工。在诺伊看来，这种在知觉问题上的表征主义解释值得怀疑，尤其与真实的知觉体验相去甚远。

与表征计算主义知觉理论不同，现象学哲学对人类的真实知觉给出了一种体验主义的解释。诺伊等人指出，现象学的知觉理论主张，即使人们不能通过知觉获取对象的所有细节或者说信息，但是人们依然能够产生一个完整的知觉。例如，就手中的一个瓶子而言，即使我们不能知觉到瓶子的所有细节，但是我们仍然能够产生一个关于瓶子的完整知觉，而关于瓶子的这种知觉呈现不是通过推论或者概括等认知活动得出来的，而是通过体验获得的。再比如，对于一个西红柿，即使在购买的时候你仅仅看到了西红柿的正面，但是你依然可以获得这个西红柿的三维知觉体验。正如丹尼特所说，尽管知觉意识活动自身可能是不连续的，但是在我们看来知觉意识活动却可以是连续性的。例如，视觉盲点的存在说明视觉是不连续性的，但是人们却可以将不连续的视觉体验整合为一个连续性的整体视觉体验。在丹尼特看来，现象学意义上的这种视觉体验可能仅只是一种幻象，它并不真实。诺伊并不认同丹尼特将现象学意义上的这种视觉体验看作是一种视觉意识幻象的观点。在诺伊看来，丹尼特对现象学视觉体验的揭示表明他看到了表征主义的局限，因为的确有对象（诸如盲点）无法呈现为表征，丹尼特由此肯定现象知觉的存在，这是合理的。但是，基于视觉盲点无法表征，从而将现象知觉看作是一种幻象，这却是不合理的。诺伊认为，如果按照丹尼特的这种理解，知觉意识似乎就成了一种虚假的、不真实的幻象，而视觉世界也相应变成了一个幻觉世界，那么我们将最终不可能理解知觉呈现的问题。

正是为了规避表征主义和丹尼特式的现象学知觉理论的缺陷，诺伊提出了关于知觉的感官运动偶发理论。具体来说，知觉的感官运动偶发理论可以通过两个步骤来解决知觉呈现问题。第一，必须看到，现象学知觉理论对表征主义的修正是正确的，也就是说，人们对作为整体的物的知觉呈现并不是以表征形式存在的，相反，这种整体的知觉呈现就是人们的真实体验。第二，这种整体的知觉体验并不是一种幻象，相反，它们有着真实的产生基础，即这种整体知觉体验的现实基础是人们的感官运动技能（sensorimotor skills），正是这类现实的感官运动技能产生了知觉体验。诺伊与欧里根（Kevin O'Regan）做了如下描述，"我们对丰富世界的知觉体验呈现并不是我们在意识中对所有细节的一种表征。相反，这种知觉体验呈现就是我们当下对事物所有细节的感受（即海德格尔的'打交道'），也是我们对相应的能够'打交道'的知识的感受。这种知识是我们协调自身与当下环境关系的感官运动活动的一种流畅的掌握。我们对躲在篱笆后面的作为整体的猫的感觉，确切地说就是我的知识，是我的一种默会式的理解，也就是说，通过我的眼睛、头部或者身体的运动，我能够使猫的片段形成相应的猫的整体体验。这是关于知觉的生成进路或感官运动研究进路（the enactive or sensorimotor approach to perception）的核心论断之一。"[55] 诺伊更为明确地指出，感官运动系统与知觉呈现之前事实上就是存在着这种基础性关联，"我们与环境细节之间有一种特殊的打交道方式，只有这种活动方式由我们所熟悉的感官运动模式控制的时候，知觉世界才会呈现"[56]。

　　诺伊等人所主张的关于知觉的感官运动偶发理论，试图融合现象学哲学与涉身科学的知觉研究，这种做法既肯定了知觉的体验性特征，即知觉的现象学哲学意义，又为这种知觉体验提供了一种基于感官运动能力的物理主义科学解释。具体来说，这种物理主义的科学解释正是区别于经典认知的涉身认知解释，即视觉等知觉活动不仅仅发生在大脑内部，仅仅大脑神经活动自身不足以解释视觉的产生，视觉活动更是一种生物体通过感官运动系统在外部环境中的一种探索活动，或者说视觉更是某种探索环境的感官运动技能性活动。更进一步说，这种视知觉活动的发生离不开人与人之间的活动环境，而非局限于某个个体的内部。正是由于诺伊等人提出的这种知觉理论具有异于经典认知的上述特点，知觉的感官运动偶发理论也被他们视为等同于瓦雷拉的生成知觉观的一种知觉理论。

　　总体而言，上述这些知觉理论都体现为一种不同于经典知觉理论的涉身认知框架下的知觉理论。这些涉身知觉理论都重视知觉与行动之间的密切关联，都强调身体感官运动器官及其技能对于知觉活动存在与发展的重要性，并且这些知觉理论都构成当代反笛卡尔主义哲学运动的一部分，它们都得到了当代涉身心灵哲学与现象学哲学等思潮的理论回应。例如，以梅洛－庞蒂的现象学知觉理论为代表的知觉理论与以埃文斯（Gareth Evans）等为代表的心灵哲学知觉理论都倾向于支持涉身认知框架下的知觉理论,其中埃文斯还利用知觉－运动技能产生体验空间的思想来解释"莫邻诺问题"①（Molyneux Question），即知觉主体所掌握的一整套知觉－运动技能，意味着有机体具有了掌握空间内容或者说表征空间的重要条件。另一位当代哲学家泰勒也在梅洛－庞蒂等人的思想启示下通过身体体验活动本身来解释空间知觉等认知活动。泰勒指出："我们的知觉场有一个定向结构、一个前景和一个背景、一个上和一个下……，这个定向结构标志着这个知觉场是一个涉身主体的本质构成。这不是说知觉场视角的中心在于我的身体所处的位置——仅仅我身体的位置不能显示作为主体的我。以知觉场的上－下指向性为例。这一指向性的基础是什么？上和下并不是简单地与身体相关——上不仅仅是我的头的位置并且下也不仅仅是我的脚的位置。因为当我躺下、弯腰或者倒立的时候，在这些情况下，我知觉场中的上就不再是我的头的位置指向。同样，上和下也不能通过知觉场中的某些固定对象来界定，例如地面或者天空，因为地面也会倾斜。……我们要说，上和下是与一个人在知觉场中运动和行动的方式相关的。"[57]

---

① "莫邻诺问题"是指爱尔兰政治家威廉·莫邻诺（William Molyneux）在 1688 年 7 月 7 日给哲学家洛克的一封信中所提出的问题。这个问题是这样提出的：假定有一个人，他天生失明，再假定这个人附近有同样大小的一个球体和一个立方体，将它们放到他的手中，首先教他或者告诉他，哪一个叫球体，哪一个叫立方体，也就是说，通过他的触摸或感觉这个人就可以区分它们。接下来把这两个球体拿开，将它们放到一张桌子上。然后，我们假定这个人恢复了视觉，那么他能否在触摸这两个球体之前，凭借他的视觉来区分哪一个是球体，哪一个是立方体。

第五章

涉身认知与意识

意识（consciousness）是当代哲学和认知科学研究中一个重要的跨界问题。意识问题不仅得到诸如塞尔、内格尔等当代哲学家们的强烈关注，而且许多认知科学家也开始严肃对待意识现象的研究。塞尔曾经这样说：今天的情况与 20 年前已经大大不同，许多严肃的科学家开始重视意识问题。如科泰瑞尔（R. Cotterill）、克里克、达玛西奥、埃德尔曼、弗瑞曼、伽扎尼伽（Michael Gazzaniga）、利贝特（Benjamin Libet）与魏斯克兰茨（Lawrence Weiskrantz）等神经科学家都出版了关于意识问题的著作。就我所知，我们已经迈开了解决意识问题的步伐。[58] 作为人类心理活动的一种独特现象，意识活动具有鲜明的主观性和体验性特征。按照诺贝尔奖得主、美国生物学家埃德尔曼（Gerald Edelman）的描述，意识活动的特征可以概括出私密性、整体性和信息性等重要特点。意识的私密性意即意识的主观性，指人类的每个意识事件都是某种仅仅具有单独主观视角的活动；意识的整体性与私密性密切相关，指主体在任何一个时刻都不能分解其意识状态；意识的信息性则指，在任何一个时刻人们都可以从无数可能的意识状态中选取出一个状态来。[59], 232 带有上述特征的人类意识现象一直是哲学和科学研究的焦点问题，特别是意识问题的存在构成了对传统认知科学研究的一种重要挑战。在经典认知科学研究视野中，意识问题要么被视为主观构造的心理状态而被忽略，要么与其他心理活动一样被视为一种信息加工过程，或者被视为仅只是大脑生理活动的一种功能。随着涉身认知科学的发展，意识的解释试图突破传统哲学和科学的研究，从而出现了一种基于身体体验和情境互动的涉身意识理论（an embodied theory of consciousness）。

意识的经典研究及其面临的难题

  经典认知科学中的信息加工理论或者认知主义接受了功能主义（functionalism）[①]的哲学主张，认为意识活动也是可以在任何生理物理装置上实现的一种功能，或者说意识活动也可以看作类似于数字计算机的信息加工等功能。哲学家塞尔通过中文屋试验以及相应的论证指出，认知主义的认知科学研究及其功能主义哲学主张存在问题，尤其是不能解释人类的意识问题，或者说人类心灵意向性活动呈现的意义是不能通过符号操作和计算得以呈现的。经典认知进路中的联结主义则将人类的意识活动视为大脑神经生理层面的变换和计算活动，这与认知主义对意识的解释没有本质上区别，只不过认知主义将意识活动理解为物理机器的符号计算功能，而联结主义则是将意识活动理解为大脑神经结构的矩阵计算。

  两种经典认知研究都没有说明意识等主观心理状态的本质。除了计算方式上的相同之处，联结主义理论框架中的大脑神经结构与认知主义的物理装置也没有本质上的区别，因此，同样的生理物理装置如何说明意识活动的主观性，这也是二者所共同面对和难以回答的。正如人们对认知主义所批判那样，联结主义通过生物大脑来理解人类意识同样也"不涉及心理过程，而是涉及心理过程的神经实现方式"[11]，22。例如，诺贝尔奖得主克里克（F. Crick）在意识的问题上明确反对受笛卡尔主义强烈影响的西方传统文化中的灵魂观念，主张通过大脑生理活动来科学解释意识现象，并且将基于分子生物学的生理层面解释视为一种区别于传统观点的惊人假说。他说："惊人的假说是说，'你'，你的喜悦、悲伤、记忆和抱负，你的本体感觉和自由意志，实际上都只不过是一大群神经细胞及其相关分子的集体行为。"[60]，3 不过，克里克也清楚地意识到这种基于大脑分子生物学解释的局限，他指出，到目前为止，还没有强有力的科学证据，"能使我们得出这样一个清晰的假设，即大脑究竟干了些什么才使我们

---

①哲学家普特南（Hilary Putnam）这样解释功能主义的基本主张："心理状态（'相信P'，'期望P'，'考虑是否P'）也就是大脑的'演算状态'。思考大脑的恰当方式是把它当作一台数字式计算机。我们的心理被描述为这台计算机的软件，即它的'功能组织'。"（参见：Philosophical Topics, The Philosophy of Hilary Putnam, Vol. 20, No. 1, Spring 1992, ed. By C. S. Hill, University of Arkansas Press, 1993, 73.）

具有了意识。在这种突破到来之前，我们不大可能解决可感受性①（qualia，或译为感觉质）的特性（如蓝色的程度）这样一个令人困惑的问题"[60], 中文版序言。科学家埃德尔曼也指出，单纯求助生理物理活动来理解人类意识现象将会产生某种详谬，即"为什么当我们每个人在区分像亮和暗这样的不同现象时，我们说我们每个人都是有意识的，而一个简单的物理装置在做类似的区分时却显然和意识经验毫无关系？……这一详谬表明任何想根据某些神经元或某些脑区的内在特性来说明意识的企图都是注定要失败的"[59], 11。

如何理解可感受性或者说现象意识，这个问题得到当代哲学家们较为普遍的关注和讨论。例如，塞尔采取了物理主义的立场来解释意识现象或感觉质，主张一种通过大脑活动就可以充分解释意识活动的方案——"生物学自然主义"（biological naturalism）。在意识解释问题上，塞尔批判了二元论和传统唯物主义的解决方案，指出"二元论与唯物主义的传统框架都没能解释意识现象。二元论认为世界存在精神和物理两种现象；唯物主义则主张只有一种物理现象。二元论最终将世界分为彼此无关的两个部分，我们根本无法解释心理和物理现象之间的关系。而唯物主义则最终否定了不可还原的主体性的、质性的感觉或觉知状态的存在。总之，二元论不能解决主体性的意识问题，而唯物主义则否定研究对象的存在，进而否定了问题的存在"。塞尔主张，应当将意识现象视为一种异于二元论和传统唯物主义的生物学现象，即"意识状态由大脑神经生物活动产生，并在大脑结构中得以实现，就像消化活动由胃及其他消化器官的化学活动产生并且在其中实现一样"[61]。不过，塞尔的这种物理主义解决方案本质上也可以是一种生物学方案，这与克里克等人的想法基本一致，这样一来，塞尔也将与克里克一样仍然没有为现象意识提供一种可靠的说明，也从而不能将自身的立场与一般的物理主义立场明确区分开来。

哲学家杰克逊（F.Jackson）肯定可感受性现象的存在，并且他将可感受性现象

————————————

①可感受性或称感觉质（qualia）意指现象意识，即意识对象对主体的一种独特呈现。

视为知觉理论中的一个重要问题，不过，在可感受性现象的解释上，杰克逊反对一般物理主义的方案。杰克逊指出，可感受性体现了感知觉意识的主观性属性，其形式则表现为人们在品尝食物、倾听音乐以及遭受撞击等行为中形成的独特主观感受。针对物理主义的可感受性解释，杰克逊提出了一种知识论的反驳。他假定有一个人叫弗雷德，这个人具有比我们更强的颜色知觉能力，对一堆成熟西红柿而言，我们只能辨别一种西红柿的红色，但是弗雷德却可以分辨出更多的红色，或者说至少能够区分出一个我们不能分辨的红色（红 n）。杰克逊力图通过知识论的论证，来说明我们不能对弗雷德的红 n 做出物理主义的解释。其论证过程如下：假定一位杰出的科学家玛丽精通一切关于视觉的神经生理学知识。如果假定玛丽一直待在一间黑白颜色的房间里并且只能通过一台黑白电视监视器去研究世界，那么当玛丽走出房间，并且被给予一台彩色监视器的时候，玛丽能够通过她的神经生理学知识解释她对新世界的感觉吗？杰克逊认为，不能。这说明物理主义不能解释可感受性，即"可感受性是物理主义描述所遗漏的东西。知识论证的富于论战性的力量在于：要否认下述核心主张是很困难的，这主张是：人们可能有一切物理信息，而并没有一切应有的信息"[62]。物理主义的确难以解释可感受性问题，但是这是否有充分理由支持一种副现象理论（epiphenomenalism）呢，即将感觉质视为一种不同于物理现象的副现象①。关键问题在于，如果不能对可感觉性提供一种物理主义的因果说明，这会不会退回到某种形式的二元论立场呢？

或许，问题的关键不在于推翻一切物理主义的方案，而在于能否寻找一种解释意识现象的更为合理的新物理主义方案。哲学家内格尔（Thomas Nagel）曾经设想过一种可能的物理主义新解释方案。他指出，如果我们能够找到一种物理层面，这个物理层面的"客观活动能够具有一种主观性特征"；同时，作为认知活动的"主观经验能够具有一种客观的特征"，这样，我们是不是就可能通过一种修正的物理主义来解

---

① 参考高新民先生的解释："但这里所说的副现象与传统的副现象论所说的副现象略有不同。如果说主观特性假说陷入了副现象论的话，那么，充其量只能说它是一种弱副现象论。因为我们知道：传统的副现象论有三个要点：（1）有两类根本不同的状态或属性，一是物理的，一是心理的。（2）心理状态由物理状态所引起，是后者的结果。（3）心理的东西在因果上完全无用。杰克逊等人的观点是：心理状态的某些属性即感受性质是这样的东西，它们的有或无、出现或不出现，对物理世界都没有影响，不会导致世界的变化和差异。不过，感受性质的出现对其他心理状态会造成影响。也就是说，感受性质不是因果上完全无效力的。它们对物质属性没有作用，对行为也没有作用，但对其他心理属性和状态有作用。"（参见高新民："主观特性假说与当代唯物主义发展的契机"，《华中师范大学学报》1999 年第 4 期。）

释可感受性呢？内格尔把这种方案展望为"一种不依赖移情或想象的客观现象学"，这一现象学的目标是"以一种使不具有那些经验的人能够理解的方式描述（至少部分地描述）经验的主体性特征"[63]。这种方案的实质就在于找到一种既具有主观性又具有客观性的物理层面，或许涉身认知的认知科学研究进路引入了身体与情境来解释意识现象，即不单纯求助大脑，而是走出生物大脑的局限，将意识活动的主体扩展为大脑、身体与情境的整体系统，这种涉身认知的意识解释或许更为契合内格尔的设想，从而是一种更为合理地解释意识现象的新物理主义理论框架。

意识的涉身解释

哲学家们提出的涉身性理念已经为意识问题的解释提供了某种启示。例如，现象学家梅洛－庞蒂阐述了现象身体－主体的概念，即身体既具有物理生理特点又具有能动主体特点。这样一来，知觉意识活动就成为一种既具有主观性又具有客观性的身体活动，例如，在梅洛－庞蒂看来，空间知觉就不再是人们基于某种立场构造出来的客观空间，而是身体主体的一种特定呈现，即"主动的身体在一个物体中的定位"[42], 140。涉身认知基于涉身性的哲学理念，因此涉身认知的研究进路就有可能对意识现象或者可感受性提供一种特殊的物理主义解释。身体主体是能动的和活的身体，这不同于纯粹被动的分子层面的物理生理身体，这种新的主体观可能为意识现象提供一种新的说明。鉴于此，涉身认知科学家对解决意识现象或可感受性的方案保持着一定的乐观态度。正如涉身认知科学家皮菲弗尔（R. Pfeifer）等人所说："感觉质是诸如'红性'（the redness of red）这样的伴随知觉活动的主观感觉。感觉质标志着主观感觉与物理系统在解释上的鸿沟。在我们看来，感觉质与涉身性密切相关，与我们感官系统的物理、生理和形态学结构密切相关。"[64] 埃德尔曼也指出，意识现象的解释不能完全局限于大脑生理活动，还应扩展到身体与情境等因素。他说："正如我们在前面提到过的那样，为了认识作为意识基础的知觉分类、运动和记忆的过程，我们必须考虑脑、身体以及来自环境的各种各样并行信号之间的相互作用的非线性方面"。[59], 55–58

涉身意识理论中的身体因素

与经典认知不同，涉身意识理论不赞同单纯将大脑视为意识活动的载体，而是主张将包含大脑在内的整个身体作为意识现象的生成之所；在意识活动本质的理解上，涉身意识理论也反对将意识活动单纯视为符号表征的计算活动，而是主张将意识活动更多理解为某种体验性的心理现象。当然，涉身意识理论可能倾向于某种不同于传统符号意义上的表征，而是采纳了运动表征等新的理解。

在涉身意识理论中，有的学者主张一种构成性观点，即身体因素与意识的产生之间具有一种明确的因果构成性关系，还有的学者则反对这种主张，认为身体因素与意识的产生之间仅具有某种影响，而不是某种关键性的因果构成性关系。例如，诺伊等人提出的意识体验上的生成论思想就主张某种构成性立场。按照这一理论的主张，人类身体中的感官运动系统在意识体验中发挥着重要作用，而基于感官运动系统的运动表征以实质上的因果和构成性方式参与了知觉意识活动的生成，或者说，如果没有这种运动表征就没有知觉意识的存在，意识体验依赖于感官运动系统而产生。具体来说，涉身意识理论主张，没有感官运动技能就没有意识活动的产生，缺乏相应的物理互动就没有诸如视觉等意识活动的进一步发展，也就是说，感官运动连续体的内在活动是意识知觉体验产生与发展的前提构成。可见，涉身意识理论是在一种构成性意义上谈论感官运动系统如何产生知觉意识体验的。另外，诸如普林茨（Jesse Prinz）等虽然赞同身体因素在意识体验生成上的作用，但是却反对这种构成性的强烈主张。按照普林茨的观点，人们一般会同意感官运动系统对知觉意识的因果作用，但是如果将这种因果作用转化为一种构成性作用，这就很难得到经验上的支持。普林茨还进一步质疑了将意识的生理基础扩展到大脑之外身体因素的涉身意识理论，"我们从未发现任何大脑之外的细胞可以充当意识体验的相关物。这些细胞能够在内容和时间方面与意识状态的变化同步。我们能够体验的任何身体成分都是大脑的产物，当相关的大脑区域受损害，意识体验也就消失了。反过来说，即使身体受到损害，身体体验还能够延续，例如幻肢痛感。总之，没有理由认为意识体验的共联物超出头盖骨" [65], 419–436。

不过，在激进的涉身意识理论看来，尤其是在当代延展认知的新框架中，意识的产生不仅关联着大脑之外的整个生物体及其情境，而且意识是上述这些延展因素的构成性作用下产生的。例如，按照罗兰兹（Mark Rowlands）的观点，在延展认知的框架下，意识等心理现象应当得到如下理解：第一，意识等心理现象是涉身的，即意识的产生不仅涉及大脑活动，而且涉及身体结构和功能更广泛的因素；第二，意识等心理现象是嵌入性的，即意识的产生仅只涉及相关的特定外部情境；第三，意识等心理现象是生成性的，即意识的产生与发展不仅涉及神经活动，而且涉及有机体的互动；第四，意识等心理现象是延展性的，即意识的产生与发展一定涉及生物体的外部环境。[66] 如此一来，关于涉身意识理论的讨论还面临着一个是否延展的问题，即意识等心理现象是单纯大脑中感官运动系统的作用结果，还是大脑中感官运动系统乃至整个生物有机体的共同作用结果。

总之，在整个涉身意识理论中还是存在共识的，即它们都反对关于意识现象的表征计算主义的解释方案，但是，在如何理解身体因素的问题上，以及身体因素如何作用于意识等心理活动的机制上，各种涉身意识理论的研究方案还是存在差异的。

涉身意识理论中的情境因素

情境与身体都是涉身意识理论中解释意识现象的重要维度，甚至在有些涉身意识理论中，二者还是不可分割共同发挥作用的。就涉身认知而言，身体与情境之间的互动被视为人类智能生成的关键因素。单纯的情境认知注重情境对于认知的作用，而涉身认知则更为倾向于揭示身体的作用，不过两者之间是互补的，甚至可以说涉身认知蕴含情境认知。因此，在意识现象问题上，涉身意识理论在揭示身体作用的同时，也必然会触及情境在意识现象生成与发展上的重要作用。

关于意识与情境的关系，涉身意识理论并不是在传统意义上理解情境，即将情境视为一种意识表征的外部信息来源，而是主张将情境视为生成意识状态的某种当下情境，是一种对意识现象的产生有着重要影响的因素。涉身意识理论当然也会赞同，意识现象与情境之间存在着某种因果依赖，即意识体验以某种因果关系依赖于所处情境，不过，涉身意识理论主张这种因果关联是一种更加紧密的联结关系，或者说意识状态与情境之间存在着某种因果耦合关系。例如，瓦雷拉和汤普森主张，意识的产生涉及大脑 – 身体 – 环境之间的因果耦合关系，同时，这种意识现象与情境之间的因果耦合是以一种动力学关系展现出来的，所以这不是传统的静态的因果关系。[52] 涉身意识理论更为鲜明的主张在于，意识现象构成性地依赖情境，也就是说，情境成为意识现象生成的一种构成性关键因素，是大脑及其延展情境的更大系统的动力学实现。基于情境的涉身意识理论能够更好地解释意识体验的丰富性，能够更好地克服表征解释的贫乏性。不过，意识现象构成性地依赖情境的主张也同样受到了一些质疑。例如，普林茨认为情境主义的强立场，即情境构成意识的主张可能是错误的，因为，人们做梦和幻觉等意识状态的存在，表明意识内容可能没有反映出其与外部环境之间的因果互动，人们甚至被剥夺感官时仍然可能具有丰富的意识体验，例如被剥夺感官的人们能够报告视觉幻觉，这表明很难假设这些幻觉的内容受到了所处情境的支配。当然，情境的确影响着人们的意识体验，或者说人们的意识体验与情境的动态呈现之间具有因果关系，但是，当这种因果情境主义体现为一种强立场时，也就是说，如果没有情境参与就不会有意识现象，这种强立场在涉身意识理论中是有争议的。正是基于这个背景，普林茨依然坚持通过大脑状态的神经科学解释来理解意识现象，他认为神经科学仍然处于发展过程中，任何意识现象属性似乎都有某种神经共联基础，尽管目前不了解神经共联事件何以产生意识现象属性，也就是所谓的意识现象解释上的棘手问题（hard problem），但是这并不意味着情境构成性地产生了意识现象。普林茨指出，"我的基本主张是，现在没有任何严肃的理由使我们假设意识的神经共联将会包括头脑之外的任何因素"[65]。

【小资料】意识研究的神经达尔文主义及其实践

埃德尔曼（Gerald Edelman）在意识问题的研究提出了神经达尔文主义（Neural Darwinism）的主张，这一理论也被称为神经元群体选择理论，即运用神经元群体来解释大脑工作的一种整合（global）理论。埃德尔曼认为，由于所处的环境不同，不同的个体有不同的遗传、不同的后天发展、不同的肢体反应和不断变化的环境中的不同经验，因此，结果将会导致在神经元化学物质、网络结构、突触强度、记忆和价值系统所控制的激励模式等方面都有着巨大的变异，这最终使人与人之间在"意识流"的内容和类型上产生了明显的不同。

"神经元群体选择理论"有三大基本主张，其基本思想如下。

第一大主张，发育选择（Developmental selection）。在神经元解剖结构确立的早期阶段，正在发育的神经元之间的联结模式中会发生后天变异，这些变异在每个由无数变异的回路或神经元群体组成的脑区中产生"清单"（repertoires），即产生了许多不同的神经回路。也就是说，一个物种中的个体发育的早期，大脑解剖结构的形成开始显然受到基因和遗传的制约，但是，自胚胎发育的早期阶段开始，随着每个个体的发育，体细胞选择在各个层次的突触之间建立大量联结。在这之后，神经元根据它们放电活动的模式而加强或减弱彼此之间的联结，即一起放电的神经元串联在一起。结果，同一个群体中的神经元彼此的联结要比不同群中的神经元之间的联结密切得多。这样就形成了大量具有不同功能的神经元群体。

第二大主张，经验性选择（Experiential selection）。这种选择交叠于发育选择的早期阶段，并会在此后延续终身。行为经验使得神经元群体的节目单中出现突触选择过程。例如，大脑中对应于手指触觉输入的映射区会随着使用的手指的数量的多寡而改变其边界。之所以产生这种变化，是因为在局部联结起来的神经元群体内部以及这些神经元群体之间的突触强度有些得到加强，另一些则被减弱，但是其神经元解剖结构并没有发生什么变化。也就是说，大量突触强度的积极的与消极的变异源于通过行为输入的外界环境的变化。这种选择过程受到弥散性价值系统活动的制约。弥散性价值系统是一种上行系统，它随时准备将发生的重要事件通知整个脑。

第三大主张，再进入（Reentry）。在发育过程中，大量的交互联结被局部和全局性地建立，这就为映射区之间通过交互式纤维传递信号提供了基础。再进入就是大脑的各个分离映射区之间沿大量并行解剖联结（绝大多数都是交互的）不断进行着的并行、递归信号的传递过程。大脑各个映射区的选择性事件之间的相关性就是由再进入的动态过程产生的。再进入有助于不同脑区活动的时空协调，即再进入使得不同脑区内神经元群体的活动同步化，并把它们绑定成一些能给出协调一致的输出信息的回路。因此，再进入是使各种各样的感觉事件和运动事件的时空协调得以发生的核心机制。

简言之，发育选择造成极其多种多样的回路集合，神经元通过紧密互联形成的神经元群体是脑内神经联结的结构和功能模式的选择性活动主体，这里，高级大脑的选择单位不再是个体的神经元而是神经元群体。经验性选择使得突触群体之间的联结强度发生变化。通过价值系统的约束，其中的一些路径比另一些路径更有优势。受价值系统约束的突触群体联结强度的变异选择源于作为输入信息的行为经验的变化。在再进入过程中，再进入的信号沿着分布各处的神经元群体之间的交互联结传递以确保各个脑区中的神经元群体活动的时空相关性。由此可知，发育选择和经验性选择为伴随着意识状态的分布式神经元状态的巨大多样性和分化性提供了基础，而再进入则使这些状态的整体性成为可能。总之，神经元群体选择理论的这三个基本主张共同形成了针对意识现象的一个整体解释。通过对大脑神经解剖结构的研究，埃德尔曼不只是发现有些区域与意识的产生有关，更重要的是要明确，意识是一种过程，意识的产生需要这些区域的活动，尤其"再进入"更是形成意识的关键。

埃德尔曼基于其人类意识的理论研究，已经进一步开展了人工意识体（Brain Based Device）的实践研究项目。他的工作是尽量将大脑神经网络的细节模拟清楚，从而设计出理想的人工意识体。埃德尔曼研究所设计的人工意识体取得了较大影响，在美国国防部高级研究计划局（Defense Advanced Research Projects Agency, DARPA）举办的赛格威足球赛（Segway Soccer）中，其研究所生产的机器人完胜了卡内基梅隆大学基于人工智能的机器人。

第六章

涉身认知与思维

涉身认知理论范式不仅为知觉、意识和情感等在线智能提供了一种不同于经典认知的理论解释，而且它试图在思维和语言等离线智能问题提供一种合理解释。在近代西方哲学传统中，按照笛卡尔的描述，思维被视为人类心灵实体的本质属性，思维是人类特有的属性，思维具有概括性、抽象性、普遍性等特征。更重要的是，笛卡尔认为思维是独立于身体的感官属性，同时思维不能通过其他任何物理生理层面加以解释。另一位法国哲学家帕斯卡尔更为鲜明地概括了笛卡尔对人类思维的这一理解。他说："人只不过是一根苇草，是自然界最脆弱的东西；但他是一根能思想的苇草。用不着整个宇宙都拿起武器才能毁灭他；一口气、一滴水就足以致他死命了。然而，纵使宇宙毁灭了他，人却仍然要比致他死命的东西更高贵得多；因为他知道自己要死亡，以及宇宙对他所具有的优势，而宇宙对此却是一无所知。因而，我们的全部尊严就在于思想。"[67]

经典认知的思维研究

经典认知研究主要通过表征计算主义纲领来研究思维现象，这一做法体现了近代西方以来理性主义哲学发展的趋向，尤其是直接受到笛卡尔理性主义与现代功能主义哲学的影响。近代以来，西方哲学家们受到数学等科学形式的影响，在一定程度上普遍形成了人类抽象思维活动是一种计算活动的共识。例如，笛卡尔曾经提出过普遍数学①的主张，即宇宙包括人类认知都应被视为一种类似数学那样的有秩序的组合。哲学家霍布斯在思维活动的理解上也提出"理性不过就是计算，就是普遍命名的加和减而已"的主张。莱布尼兹则提出了思维即推理的数理逻辑思想，并且成为现代数字计算机科学的理论先驱。现代功能主义哲学延续了近代理性主义的思维观，进而主张基于计算主义解释的思维不仅是大脑的功能，而且这一功能能够实现于类似的生理物理

---

①笛卡尔在理解宇宙万物的形而上学意义上提出了普遍数学（mathesis universalis）的方法论思想。"关于'mathesis universalis'。从它与笛卡尔的形而上学的关系来看，我们更应该把它解释为是'普遍科学'，因为无论是对他的方法基础的'mathesis universalis'来说，还是对他的新型的形而上学的思想来说，人的认识秩序都是非常重要的，可以说如果没有了秩序的思想，就完全不会有他的'mathesis universalis'的方法观，如果没有这种秩序的思想的话，人的认识就不能从领会最简单的概念出发来把握上帝和人的灵魂。因此，我们应该把'mathesis universalis'翻译和解释为'普遍科学'。"（参见：贾江鸿："笛卡尔的'mathesis universalis'与形而上学"，《世界哲学》2007年第9期。）可见，笛卡尔设想的"普遍数学"是一种关于事物的秩序和度量的一般方法，数学是这种方法的极好实例，但它不等于数学。它是一种普遍的，可用于一切理性知识的构成的方法。笛卡尔的密友夏钮（Chanut）为此写下了这样的墓志铭，"在那个冬季的闲暇中，将数学［的法则］与自然的秘密相对照，他大胆地希望，能够用同一钥匙揭开两者［的谜题］"。（参见：钱捷："笛卡尔'普遍数学'的方法论意义初探"，《哲学门》第六卷第二册，北京大学出版社2005年版。）

装置上。总之，这些哲学思想的汇聚形成了模拟现代数字计算机功能的经典认知观，思维也在这种经典认知研究中当然地被视为一种有秩序的计算活动。

经典认知中的思维研究与20世纪四五十年代产生的以控制论为代表的现代系统论有着较为密切的关系。以控制论为代表的系统科学的诞生，为思维等心理活动的解释从行为主义和内省主义的争论中摆脱出来提供了新的路径，因此，现代认知主义或者表征计算主义的认知研究纲领可以溯源到控制论。控制论的基本思想对经典认知科学产生了巨大影响，这种影响尤其是表现在以下几个方面：一是数理逻辑开始被用于理解意识和思维之神经系统的活动；二是基于控制论的思想所产生的数字计算机等信息加工机器为人工智能的发展奠定了基础；三是思维被科学地理解一种信息加工处理活动，并且合理地被置于任何物理生理设置上。此外，认知的计算主义理解也是计算机科学、心理学和语言学等各门学科共同推进的结果。尤其是由各领域的科学家所参与的1956年的达特茅斯会议，标志着经典认知科学研究中计算主义纲领在各个学科领域中的正式形成。在这一过程中，经典认知的代表性人物西蒙（Herbert Simon）和纽厄尔（Allen Newell）等人明确提出了物理符号系统假设（physical symbol system hypothesis）并将其视为认知科学的核心假设。所谓物理符号系统假设是指："符号是智能行动的根基，这无疑是人工智能最重要的论题。……对一般智能行动来说，物理符号系统具有必要和充分的手段。所谓'必要的'是指，任何表现出一般智能的系统都可以经分析证明是一个物理符号系统。所谓'充分的'是指，任何足够大的物理符号系统都可以通过进一步的组织而表现出一般智能。"[11], 145, 150 物理符号系统假设表明，思维等认知活动是以符号表征形式存在的系统，同时符号表征系统又是可以物理实现的。这样，思维等认知活动就相应被等同于数字计算机的形式化计算活动。

事实上，模拟数字计算机的思维研究的确推动了现代认知科学的产生与发展，同时，符号计算的思维研究也在认知科学研究中取得了众多成就。这些成就甚至使西蒙等人在当时做出预言，即在未来十年也就是 20 世纪末，数字计算机将成为世界国际象棋冠军，数字计算机将发现和证明重要的新数学定理，大多数心理学理论将采纳以计算机程序或者与计算机程序类似为特点的定量形式。但是，事实证明，西蒙的预言过于乐观，符号表征计算的思维研究没有完成这些预言。不仅如此，哲学家休伯特·德雷福斯基于海德格尔、梅洛－庞蒂及后期维特根斯坦等哲学家的思想，明确指出基于计算的思维理解不充分也不完备，还存在着众多与思维理解密切相关的因素。例如，他指出，在理解思维活动的时候，除了表征计算之外，是否还存在其他诸如躯体、当下局势、人的目的和需要等因素的作用。如果在对思维等认知活动的理解上这些因素都发挥着无可替代的作用，那么西蒙预言的失败也就可以理解了，即"如果这种关于智能的现象学描述是正确的，那么原则上有理由认为，人工智能不可能全部实现"[19], 290。物理学家彭罗斯（Roger Penrose）也指出了经典认知对思维做计算主义理解上的缺失。他认为，思维活动不能仅理解为某种符号计算的能力，还应当包括一种人类特有的理解力。符号计算的经典认知虽然可以利用计算机来证明一些复杂的数学定理，从而展现出"人类思维"的某种强大效力，但是机器本身并不能"理解"定理本身，因此，即使计算机的强大计算力可以不停地运转来证明拉格朗日定理，但是机器永远不会自身洞察这些无休止的计算，也就是说"数学洞察力是不能够用一些我们明知正确的计算进行编码的"[68]。

思维的接地认知假设

思维的接地认知理论假设，主张思维不是独立的而是依赖知觉基础的，思维与知觉活动之间存在连续性，或者说思维植根于知觉或者说身体体验中。思维的接地认知假设明显区别于经典认知科学对于思维的研究及其相应的笛卡尔主义二元论传统。思维的接地认知假设是涉身认知理论的重要表现，涉身认知包容着思维接地知觉活动的主题。思维的接地认知假设意味着，思维等认知形式产生于身体与环境的互动之中，思维活动源于具有特殊知觉和运动能力的身体体验之中，推理、记忆、语言等离线智能与感官运动能力具有不可分割的联系。

在现代认知科学中，认知语言学领域较早进行了接地认知研究。语言学中的思维接地理论反对认知革命以来主流的思维解释，尤其是质疑了乔姆斯基的普遍语法理论。思维接地假设更为重视身体、情境和感官运动模拟等因素在语言和思维活动中的作用，提出了抽象概念以隐喻方式植根于涉身和情境性知识之中的观点，提出了自然语言的语法和语义、推理活动植根于空间关系和力的体验等情境结构中的立场。认知科学家巴萨罗（Lawrence W. Barsalou）等人还进一步提出了一种语言思维植根于身体体验的接地认知观（Grounded cognition）。在他看来，这种接地认知观反对经典认知观，反对将认知理解为某种物理生理系统的符号计算活动，反对将认知理解为一种脱离知觉、行为和内省的大脑计算活动。与经典认知不同，接地认知提出感官运动模块模拟、身体状态以及情境行为才是认知活动的真正基础。[69] 总之，接地认知理论非常重视经典认知所忽视的情境行为以及身体活动等因素和机制的重要性，接地认知理论反对将认知理解为符号计算活动，重视知觉和行为在认知中的核心作用，主张将身体与情境作为认知机制的核心因素，主张通过知觉与行为相对于特定目标的耦合活动来理解思维等认知活动的形成。

总体来说，在思维的接地认知假设问题上，大多数认知科学家和哲学家认同思维不是独立活动的主张，但是，限于在涉身认知问题上存在着不同的理解，因此在思维接地认知及其机制的理解上也相应产生了一些不同的看法。例如，基于涉身认知观的不同，在思维接地机制的理解上存在着思维接地于身体体验、思维接地于感官运动系统、基于动力学系统的接地认知以及接地认知的模拟论解释等不同理论主张。

思维接地于身体体验的物理接地假设

较为激进的涉身认知理论家普遍主张将身体体验视为所有认知活动的来源。当然，在思维的问题上，他们也赞同思维与身体体验的直接关联。例如，安德森《涉身认知导论》一文中概括了一种物理接地假设（physical grounding hypothesis）的主张，阐述了思维接地于身体体验的思想。

在安德森看来，过去约 50 年的哲学和约 15 年的人工智能等认知科学研究中出现了一种重新思考思维等认知活动本质的思潮。这种新思潮不同于基于抽象符号的形式化加工理论。这种新思潮主张思维活动发生于非常特定的复杂情境中，并且思维活动往往服务于特定的实践目的或者说更加注重与特定情境之间的互动。这种新思潮突出强调认知是一种高度涉身或者情境化的活动，尤其主张思维存在应当首先和首要地被视为一种行为存在。这种新思潮意味着一种新认知观，这种新认知观被概括为物理接地假设。物理接地假设的基本内容是指，心灵的内容和活动都接地于或者说植根于认知主体的物理属性和涉身体验中。为了进一步强调思维所植根的身体体验性质，安德森指出，一方面，思维接地假设中的"接地"意味着一种身体体验与思维活动之间因果可能关系和实质影响，另一方面，物理接地假设所蕴含的物理主义不是还原性的神经科学理解，思维活动及其内容不能还原为神经活动。[28] 可见，物理接地假设强调，人类的身体体验实质性地影响了抽象思维的产生，这意味着物理接地假设是一种物理主义主张，但是，抽象思维又不能还原为神经生理活动，因为身体体验不等同于神经生理活动，因而物理接地假设又展现了一种非还原的物理主义的立场。

物理基础的接地假设在哲学上体现了一种从笛卡尔式的独立思维观向更加海德格尔式的体验与思维相互影响观的转变。笛卡尔主义将基于身体的感觉与基于心灵的思维对立起来，将感觉所依赖的身体物理性与思维和自由所依赖的人类理性相对立和割裂，将人类与具有感觉而缺乏语言和思想的动物之间的关系割裂开来。与这种笛卡尔主义不同，诸如海德格尔等现代哲学则强调了上述对立双方之间的连续性，尤其是当代涉身认知的科学设想力图将知觉与思维、动物与人类之间的关联凸显出来。在安德森看来，基于物理接地假设的涉身认知理论正是要将思维与知觉、语言与身体体验有效地结合起来，"涉身认知的核心主张不是要放弃GOFAI，而是说，为了将在专家系统中运行良好的推理整合进真实世界认知主体，必须找到某些方法来系统地将抽象推理的符号和规则与控制知觉和行动的进化原始机制联系起来"[23]。经典认知在思维研究上出现的问题，很大程度上是忽略思维知识与原始智能的联结，是否定思维知识存在着某种人类符号的接地物（human symbol grounder）所造成的结果。

安德森举例说明了这种物理接地假设，他指出，"椅子不是依赖一套客观属性得以界定的某种概念，而是对某种可坐事物的命名。所以，这就可能使得人们在面对树林中一个树墩时发问并且理解'你喜欢我的读书椅子吗'。一个已经实现'椅子'概念接地的认知主体就可以看到某种'坐'的事物，并由此看到一把椅子。仅仅储存椅子可坐的事实不足以形成椅子的概念。认知主体必须懂得何为'坐'，并且能够系统地将'坐'的理解与被知觉到的场景联系起来，并且由此开展什么事物（即使非标准地）承载着'坐'的行动。在正常的活动中，这种知识通过掌握'坐'的技巧而获得，其中当然包括相关的走、站和两者之间的移动等技巧，还包括凝练什么对象要求或者允许这些行为的知觉判断；也就是说，'椅子'概念的接地涉及某种非常特殊的物理技巧和体验。"[23] 可见，通过安德森的例子，"椅子"被人们理解并不依赖于这一概念的客观属性，而是依赖于这一概念所依赖或者说"接地"的身体体验，也就是说，只有人们真正地去进行"坐"的行为，人们才能通过这一活动或者说身体体验获得对"椅子"这一概念的真正理解。

基于身体感官运动系统的思维互动接地假设

与通过身体体验来理解思维活动的接地的主张略有不同，或者说与物理接地假设略有不同，马洪（Bradford Z. Mahon）和加拉马扎（Alfonso Caramazza）等认知科学家则提出了一种更为中立的基于身体感官运动系统的互动接地假设（grounding by interaction）。

在马洪和加拉马扎等认知科学家看来，基于身体感官运动系统的互动接地假设既不是一种强的涉身认知假设，即主张思维完全接地于身体体验，同时上述假设也不是一种反对思维接地的非涉身认知假设。介于二者之间，基于身体感官运动系统的互动接地假设更倾向于一种中间立场，即一方面主张概念在某种层面上是"抽象"和"符号化"的，另一方面又主张概念活动"例示"（instantiate）于或者接地于感官运动信息。例如，在马洪和加拉马扎看来，失用症（apraxia）①的经验研究就表明了在某种层面上"抽象"和"符号"概念对于感官运动系统的接地存在。失用症的研究成果表明，受到损伤而存在使用物体障碍的病人，依然能够对他不能使用的同一对象加以概念命名。事实上，假定与一位失用症患者进行一场关于锤子的对话，病人可以了解锤子甚至命名这个锤子，只是病人在如何控制和使用锤子上非常困难；这种困难并不是源于运动缺失，因为他还是可以完成对他人使用锤子的一种无意义姿势的模仿。可见，确实存在着一个有意义的表征层面，存在一个抽象符号的概念层面，但是这个层面并没有完全反映感官运动系统的信息。另外，在特定感官运动信息构成概念内容的问题上，也不存在完全脱离特定感官运动事件的抽象概念。例如，就"狗"这一概念而言，假定一个人星期一看到一只猎犬，星期二看到一只哈巴狗，伴随着概念"狗"的例示的特定感官信息是不同的，那么，观察者星期一和星期二是否例示了相同的概念"狗"呢？接地互动的理论认为，伴随着概念例示的特定感官运动信息并不一定完全构成相应概念的内容，但是这不改变特定感官运动信息对于特定

---

① 人类在发展过程中，基于模仿行为人们学会了各种生产活动中和日常活动所必需的动作；后来这些动作由于长期运用而成为习惯并达到显著的自动程度；运动器官的本体感觉对这些习惯性动作进行自动调节。失用症指的就是一种关于这些习惯动作的运行障碍，是指大脑损伤后引起的功能失调，表现为在不存在瘫痪等运动和感觉障碍的情况下肢体运用所发生的后天行为障碍。

时间点上的概念例示的重要性，更恰当地说，这表明感官运动信息只是部分构成概念内容的例示。

总之，与思维完全接地身体体验的观点不同，接地互动观的主张更为温和。在接地互动观看来，概念在抽象层面上也有其表征，不过，概念的例示常常体现为特定的感官运动信息。当然，概念的上述接地认知解释既是一种革新，同时也面临着诸多挑战。正如马洪和加拉马扎所说，"概念活动是被某种'超越'相关'逻辑'条件的因素所激活，这是认知神经科学中的最重要洞见之一。这些成果引起了对心灵活动之传统观念的重大修正。我们认为，尽管这些修正受到人们的认同，但是所获得具体结论还是缺乏相关经验证据的有力支撑。"[70]

基于认知动力学理论的思维接地认知假设

与经典认知理论不同，接地认知更加重视思维接地于身体和情境等因素。在如何理解身体和情境实质构成思维活动的接地认知机制上，认知动力学理论提供了一种概念等思维形式的动态生成机制。可以说，基于认知动力学理论的思维解释也成为涉身认知解释思维活动的一种重要表现。

在认知科学家波吉（Anna Borghi）和皮彻（Diane Pecher）看来，作为认知研究的新范式，涉身认知和接地认知在过去20多年间在认知科学研究领域产生了广泛影响并且取得了大量经验证据。这些新的认知科学研究范式主张认知活动植根于感官运动系统并且情境性地存在于特定场域中，尤其是语言、记忆和思维等离线认知活动植根于知觉和行为所发生的整体生理系统之中。尽管这些认知新范式取得一定成就，但是在如何理解思维接地的机制上仍然存在较大争议和挑战。例如，涉身和接地认知较好地研究了具体概念的发生，并且可以通过具体对象和行为来进一步说明抽象概念及其推理活动，但是，在关于抽象概念如何植根于或者接地于感官－运动系统的问题上，涉身和接地认知就存在着不同的理解。鉴于此，在涉身和接地认知的机制上，人们甚至质疑感官－运动系统对于理解认知生成的必要性，并且进一步讨论了诸如动力学模型、贝叶斯统计模型、联结主义模型、涉身计算模型（embodied computational models）、感官－运动性质的语义拓扑模型等各种可能的替代机制模型。[71]

由于认知动力学被视为涉身认知科学研究中的一种重要方案，因此，在这些接地认知的机制探索中，认知动力学理论也相应视为一种理解思维活动接地于感官－运动系统的较好说明机制。例如，认知科学家塞伦（Esther Thelen）等人通过讨论了儿童发展心理学中著名的"A 非 B 错误"（The A-not-B error）现象的生成，就论证了认知动力学理论可以更好地说明思维认知的接地机制。"A 非 B 错误"是皮亚杰在 20 世纪中期提出和加以讨论的一个儿童发展心理学中的现象，这个现象主要用于解释婴儿如何产生对于客观对象的知识。皮亚杰在研究过程中发现，婴儿在 7 或者 8 个月之前不会寻找藏起来的玩具，而 12 个月以后的婴儿则会努力寻找；但是，7－12 个月之间的婴儿却非常有趣，他们却展现了一种特殊的"不完整知识"（partial knowledge），即如果玩具从一个地方 A 转移并藏到另一个地方 B，在一段时间间隔之后，即使婴儿完全看到玩具转移到第二个地方 B，婴儿也不能够调整他们的搜索，依然会回到第一个地方 A 寻找；这一现象被称为"A 非 B 错误"。经典认知及其理论主张从对象知识、空间定位、记忆或者自身处境等方面能力的障碍或缺失来解释婴儿"A 非 B 错误"的发生，而塞伦等人则通过新的动态系统理论模型来解释"A 非 B 错误"的产生。

依据认知动态系统理论模型，"A 非 B 错误"并不意味着婴儿是否形成稳定概念，而是意味着他们所做的是不断地实现某种认识和行为的定位。由此而言，动态系统理论对"A 非 B 错误"的解释还意味着，"A 非 B 错误"并不是在 7-12 月这一特殊年龄段才会出现，而是在任何年龄段都可能出现。动态系统理论模型把从 A 到 B 的行为定位的心理现象视为一种普遍性的动态场中的激活。进一步，在塞伦看来，"A 非 B 错误"的动力学模型解释表明，感知觉与概念思维之间可能不存在绝对区别，我们可以在不同层级和时间的动力场中表现知觉、记忆、行动和思维等各种在线智能和离线智能。"A 非 B 错误"的认知动力学模型表明，动力场连续的参数变化能够非线性地产生出认知活动，皮亚杰所提出的婴儿何时获得对象概念的问题是错误的，因为不存在某种产生"对象概念"的特定因果结构，关于对象的"知识"嵌入于当下环境中以及类似环境的知觉和行动历史的动态场中。塞伦还指出，动力学模型对知觉和思想的生成解释印证了詹姆士的观点，即不存在"思想"此类的东西，而是仅存在动力学，也就是说，感知觉和思想不过是意识流中的呈现。[72]

基于模拟理论的思维接地认知假设

在接地认知的解释中，还存在一种基于大脑模拟的思维接地认知假设。例如，在巴萨罗看来，接地认知理论主要表现为两种解释形式：一种接地认知理论聚焦身体体验或感官–运动系统的角色作用；另一种接地认知理论则聚焦大脑中特定装置及其功能的模拟（simulation）作用。

在巴萨罗看来，模拟意味着知觉、运动和内省等心理状态的再现。当然，这些状态的产生依赖于身体情境等因素，不过这些状态的产生更为直接依赖于大脑中的某种神经模拟装置及其机制。例如，当人们产生了诸如在椅子上放松等此类体验时，大脑中就相应产生了某些神经生理模块之间的一种状态，并且这些模块状态（例如这张椅子的样子和特定感受，坐的行为，舒服与放松的内省）等就被整合成为储存在记忆中的一种多模块表征。随后，当需要知识来表征椅子等范畴的时候，人们体验活动中产生的多模块表征就被激活从而产生了一种大脑的模拟表征。在巴萨罗看来，对于认知活动的理解就成了对表征系统的模拟机制的一种概括。而大脑中的模拟机制也正是接地认知所重视的关键因素，这种基于大脑模拟机制的接地认知理论可以用于解释各种认知形式，甚至可以用于解释情境行为和社会互动等社会认知形式。

按照信息加工理论与联结主义等经典认知理论，知识存在于某种语义记忆系统中，而这种语义记忆系统似乎与感官运动系统相关的大脑模块系统无关。接地认知理论反对这种与大脑模块无关的经典认知理论，反对经典认知理论有关非模块性的符号表征假设。接地认知聚焦神经表征的模拟机制，这是一种认知模拟（Cognitive Simulation）的接地认知理论。按照这一理论，大脑模块的模拟支持着诸如高层知觉、隐性记忆、瞬时记忆、长期记忆以及概念知识等各种形式的认知模拟。接地认知的模拟还被用于提出社会模拟理论（Social Simulation Theories），这种理论主张模拟在社会认知中也发挥着重要作用，例如，人们通过自身心灵的模拟来表征他人的心灵，为感受他人的疼痛，人们需要首先模拟自身的疼痛。

接地认知在许多问题上也面临着争议和挑战。正如巴萨罗所指出的，这些问题包括大脑包含非模块性的符号表征吗？大脑模块的模拟在认知中发挥着边缘作用，而非模块性的符号运行仍然发挥核心作用，这种说法正确吗？模拟和涉身性是否只是一种非模块性符号计算的附加现象？语言是如何接地的？镜像神经元系统是否参与了所有社会认知？[69] 等等。这些问题仍然需要更多的经验证据加以澄清。

第七章

涉身认知与语言意义

语言及其意义是人类离线智能的重要构成形式。依据笛卡尔主义哲学影响下的信息加工认知科学研究，语言意义被视为一种符号表征计算的相关产物，或者被视为一种大脑生理活动的突现结果。不过，正如众多认知科学哲学家所批判的，上述经典认知理论实际上只是触及语言的形式系统及其生理基础本身，而没有真正触及语言所表达的意义。或者说，它们只关注"言"本身，而没有涉及"意"的内容。涉身认知对经典认知的批判导向了一种解决意义问题的新路径，尤其是基于涉身认知的思维接地假设，主张语言的意义植根于身体体验、身体与环境互动等基础活动之中。与涉身认知相伴随，这就相应产生了一种区别于传统语义理论的涉身语义学（embodied semantics）。

意义的经典与涉身解释

从哲学发展来看，涉身语义学的基本思想在现象学运动中已经出现。例如，梅洛－庞蒂就较为明确提出了语言意义生成于人类身体体验的涉身语义学主张。

梅洛－庞蒂首先批判了西方近代以来传统经验主义和理智主义的语言意义理论。在他看来，经验主义将语言视为某种基于神经刺激或者联想获得的"词语表象"，而理智主义则将语言视为基于内在意识的抽象思维表达，主张"语言取决于思维"，这两种理论本质上都接受了笛卡尔主义的二元论框架。梅洛－庞蒂的现象学理论则主张应当将语言意义置于主客体未加分离的人的存在活动中，也就是说，在表达抽象本质的语言意义之前还存在着更为原初的意义生成之所。按照梅洛－庞蒂的说法，"真正地说，使本质存在于分离中的语言功能只是表面的，因为经过分离的本质仍然建立在意识的前断言生活的基础上。在最初意识的沉默中，我们不仅看到词语所表示的东西显现，而且也看到物体所表示的东西，指称和表达活动围绕其展开的初始意义的内核显现"[42], 11。梅洛－庞蒂进一步区分了言语活动和语言活动，前者表达原初意义，而后者则表达对原初意义的反思，是根源于言语活动的"可支配意义"。前者是后者的基础，而语言的意义是在更为原本的言语活动中再次涌现出来的。也就是说，"知觉本身就是一种前断言的表达，一种无言的表达，语言表达只是派生的表达形式"[73]。或者说，在梅洛－庞蒂的语境中，知觉就是身体体验本身，也就是言语活动本身，身体体验已经是一种"表达"，而言语活动就是这种"表达"，而语言不过是把这种"表达"转化成了可以支配的形式，语言是源于并且派生于身体体验的知觉世界之中。

当代的认知科学家在语言学研究实践中将梅洛－庞蒂的现象学意义理论转化为一种有关语言意义的科学理论，即涉身认知的语言意义理论。在批判传统语义理论以及吸纳现象学等思想的基础上，拉科夫等人在认知语言学领域的研究中阐述了涉身语义学的主张。

在涉身认知科学及其哲学家看来，经典认知科学研究所接受的意义理论是一种关于意义的符合论（Correspondence theory of Meaning）。这种理论主张，当一个陈述符合事物在世界中的存在方式时，这个陈述就是有意义的或者说是真的，否则它就是假的或没有意义的。这种意义观也被称为客观主义的意义理论（Objectivist Theory of Meaning）或者概念／命题意义理论（Conceptual/Propositional Theory of Meaning），其基本思想都假设了意义是符号与独立世界之间的一种符合。在马克·约翰逊看来，上述客观主义意义理论的基本要点在于它确立了一个客观理性结构的理论预设，即"不管人们对于世界的看法如何，世界只存在一种正确的看法——'神目观'（God's-Eye-View），也就是说，存在着一个不依赖任何人特殊信念的关于实在的理性结构，并且只有正确的理性才能反映这个理性结构"[74]。具体而言，客观主义意义理论主张，语句通过命题表达获得意义，而命题表达是意义和思想的基本单元；命题以及命题包含的概念构成了我们所有的言语活动；我们理解意义和推理的能力依赖于我们对符号表征的有意识使用，这些符号表征存在于心灵内部并以某种方式与外部世界相关；这些符号表征通过句法形式规则组织成命题，这些命题则通过逻辑形式规则被组织成思想和论证；意义成为符号表征客观实在的一种抽象关系，意义理论的目的是解释符号串的意义；句法规则、逻辑关联以及命题自身与人类身体体验活动都不存在任何内在关联。

客观主义意义理论正是经典认知意义研究的哲学基础。基于涉身认知框架下的认知语言学研究，拉科夫和约翰逊等人认为，客观主义意义理论或者概念 / 命题意义观在意义本质的理解上并不正确，因为，即使人们不能否定命题思维的存在，但是人们需要正视命题思维所必然依赖的身体体验等涉身存在，也就是说，身体体验与我们的语言和抽象思维具有本质的关联。拉科夫和约翰逊指出，"理性是进化的，因为，抽象的理性建基于并且利用了'较低等'动物具有的知觉和运动能力。这样，我们就得到了一种达尔文主义的理性或者一种关于理性的达尔文主义：理性，即使是最抽象的理性，也是利用而不是超越我们人类的动物本性。理性进化特征的发现，改变了我们同其他动物的关系，并且改变人类仅仅是理性存在的概念。这样，理性不再是把我们同动物割裂开来的本质；相反，理性把我们置于与动物的连续进化体中"[24], 4。

拉科夫和约翰逊进一步概括了与客观主义意义理论或者概念 / 命题意义理论相对的涉身意义理论（Embodied Theory of Meaning）。基于身体体验活动来诠释和理解意义，涉身意义理论主张必须将人们把握世界的涉身和想象结构置于解释意义和理性的中心地位。在涉身意义理论看来，人类的感官 – 运动能力、大脑结构、文化环境等决定着我们的语言意义，而非某种客观理性结构决定和限制着对世界的理解。意义不是受客观理性结构制约的某种绝对意义，也不是受主观心灵支配的主观意义。涉身意义类似于生物有机体应付周围环境的有用信念，它们是"我们为了实在地生活或者说为了生存、获得成功以及获得有效地对所处环境的理解"[24], 7，正是基于这种看法，拉科夫和约翰逊将杜威视为涉身意义理论的伟大哲学家。具体来说，涉身意义理论的内涵包括以下几个方面：一是涉身意义理论主张意义涉及人类与其环境的互动特征和内涵；二是意义并非孤立和原子式的，意义是人类在世界中相互关联性的一种生成和发展；三是人类的意义可以是概念和命题式的，但是它们是人类对自身无意识过程的一种反思选择，概念和命题式的意义不是决定性和本质性的；四是涉身意义观将意义置于生物有机体介入环境活动的一种体验之流中，涉身意义观是一种自然主义的意义观，是一种非还原、非二元论的意义观。[75]

意义的涉身生成机制

涉身认知框架下的语义理论主张语言意义植根于身体体验之中，但是，在身体体验如何生成意义的问题或者说意义生成机制问题上依然存在着诸多探索。例如，目前在意义生成机制上，涉身语义理论家就讨论了身体体验的意象图式、表意动作以及隐喻投射等意义生成的涉身认知机制问题。

意象图式

当代认知语言学中的涉身认知进路主张，概念和命题等语言意义直接生成于身体体验的活动中。例如，拉科夫和约翰逊就指出，"无意识"身体的感官－运动系统是人类概念化和推理能力的重要生成机制，人类的神经生理过程和身体体验活动就像一只"看不见的手"，概念、意义、推理等大多数思维过程都生成于人类的无意识活动中。在意义生成机制问题上，他们提出概念归根结底是通过意象图式（image schema）以及身体投射（bodily projection）等身体体验活动机制形成的。

就概念这一思维形式而言，拉科夫和约翰逊指出，"知觉和运动系统在塑成颜色概念、基本层面概念、空间关系概念以及时态概念等特定概念的过程发挥着重要作用"。[24], 11 具体来说，一是人类的范畴化的能力是涉身的，范畴化是人类生理结构的一种必然结果，例如"树"的概念分类并不仅仅源于客观对象的彼此不同，而是源于人类本身存在的神经范畴化能力；二是人类的概念源于主体与环境的互动，例如传统认知理论认为颜色概念是对特定波长的一种知觉，而涉身－交互认知科学研究则表明人类对颜色的概念认知产生于人类身体、大脑与对象反射属性以及电磁放射之间的互动；三是诸如基本层面概念（basic concept）直接依赖于身体体验活动，例如在家具－椅子－安乐椅、车辆－轿车－运动跑车等概念系列中，椅子和轿车等就是基本层面的概念或者范畴，它们直接源于人类身体体验活动，其他层面的概念是从基本层面概念演化而来的；四是空间关系概念也是涉身的。例如上下、左右、前后等空间关系概念直接源于人们的无意识身体体验活动。

在上述这些概念的意义生成机制上，意象图式是一种用来说明人类身体活动或者说涉身体验直接生成语言意义的机制。在约翰逊看来，在涉身认知视域中，身体不是一般的肉体等生理物理装置，而是用来指意义生成的身体体验结构，身体体验活动生成意义的具体机制可概括为意象图式和隐喻投射。意象图式用来说明意义最初生成于身体体验的机制，而隐喻投射则用于说明更为复杂和抽象的命题意义产生于身体体验活动的机制。例如，意象图式与身体感官运动能力密切相关，意向图式是人类身体体验本身，它不是某种观念的抽象概括。例如，在"从一个地方去另一个地方""把一个棒球扔给你的姐姐""用力推你的兄弟""给你的妈妈一个礼物"等抽象语句中，都隐含着"从哪里 – 去那里"（FROM–TO）的"路径"意向图式。在约翰逊看来，FROM–TO 意向图式就是身体体验的一种结构，而用其他抽象语言表达的不同事件都源于这一身体体验结构。总之，意象图式就是人类身体体验的一种理解结构，并且意象图式生成人类原初的意义。约翰逊说："当我们说一种特殊的意象图式存在的时候，我们就是在说我们理解体验的一种循环结构的存在。……理解是我们'拥有世界'的方式，是我们把世界体验为一个可理解实在的方式。因此，这样的理解涉及的是我们的整个存在——我们的身体能力和技能、我们的价值、我们的情绪与态度、我们的整个文化传统、我们存在于一个语言共同体的方式以及我们的审美感受力等。总之，我们的理解就是我们的'在世之在'的方式。……我们更加抽象的理解行为仅仅就是'拥有世界'更基本层面上的理解的一种扩展。"[74], 102

表意动作

在梅洛 – 庞蒂的现象学视野中，作为生成原初意义的言语活动本质上就是一种身体性的存在形式，或者说言语活动本身就表现为一种动作，即一种表意动作（gesture）。在梅洛 – 庞蒂看来，在言语活动中，身体把某种自身的运动转变为声音，把一个语词展开在有声的身体现象中，身体变成了一种自然表达能力，言语活动就是身体的意向性活动，因此"言语是一种动作"[42], 240。这样，作为一种传达意义的身体活动，言语活动就是一种基于身体姿势的表意动作。表意动作本质上是人类身体意向性的一种表现方式，如果说空间知觉是人类身体（人的肢体、眼睛等器官的共同参与）与外部对象之间的一种意向性关系，那么言语活动也是人类身体（人的喉部、舌和嘴以及肢体等器官共同参与）与外部对象的一种意向关系。梅洛－庞蒂说："人们始终注意到动作或言语改变了身体的面貌，但人们仅局限于说动作和言语显现或表现另一种能力，即思维或灵魂。人们没有看到，身体为了表现这种能力最终应成为它向我们表达的思想和意向。是身体在表现，是身体在说话，这就是我们在本章中学到的东西。"[42], 256

基于现代认知科学尤其涉身认知科学的发展，表意动作不断地受到重视，并被视为身体体验生成语言意义的一种结构与机制。尤其是在社会交流层面，表意动作成为理解社会互动的一种重要的意义生成机制。例如，加拉格尔在意义生成问题上提出了一种系统的表意动作整合理论（an integrative theory of gesture）。这一理论更全面考察了表意动作在意义生成中的作用，这种作用不仅体现在主体内部（intra-subjective），而且体现在主体之间（inter-subjective），即语言意义的产生不仅基于身体的感官运动能力，而且更重要的是基于主体之间的原初交流。在加拉格尔看来，要充分说明语言意义的涉身性，就必须整合考察上述两个方面，即整合表意动作的运动理论和交流理论，从而形成表意动作的整合理论。运动理论体现出的是表意动作的内主体功能；而交流理论则体现出表意动作的交互主体功能。按照加拉格尔的概括，表意动作整合理论指：表意动作是我们理解语言涉身性思想的关键，表意动作的形成是前意向性的，表意动作的形成离不开主体交流实践活动的意义投射。总之，表意动作通过自身及主体间交流从而生成意义，"身体产生了一种表意动作的表达。不过，他人却发动、驱动和中介了这一过程。当我们说语言让我的身体动起来的时候，我们就已经在说，是他人让我动了起来"[76], 129。

隐喻

在意义理论的涉身认知框架中，隐喻也被视为一种意义生成机制。隐喻尤其被用于解释概念和更复杂语言意义如何生成于身体体验活动。

20 世纪七八十年代以来，伴随着认知语言学的发展，隐喻逐渐被明确为一种独立的认知机制。例如，在认知语言学研究中，拉科夫等人较早开始将隐喻视为一种普遍的理解原则和根本认知机制，主张隐喻的基础认知机制作用最终形成字面式和命题式的语言意义网。在拉科夫等人看来，就"时间就是金钱"这一著名隐喻来说，将"时间"与"金钱"联系在一起的隐喻并不是基于某种领悟、类比或者整体含义互动等，而是源于人们的认知体验，尤其是源于人们对时间和金钱交易两个不同领域的情境体验的理解。鉴于此，约翰逊说："隐喻不仅仅是一种语言表达方式；相反，它是一种认知结构，通过这种认知结构，我们就可以形成能够推理和理解的连贯和有序的经验。通过隐喻，我们利用通过身体体验获得的模式来组织更加抽象的理解。"[74], XV

图 7.1　隐喻："时间就是金钱"

拉科夫和约翰逊将隐喻在涉身语义学中的意义生成机制作用概括为"抽象概念大多是隐喻性的"的这一命题。至于抽象概念是如何通过隐喻机制生成，二人进一步指出，隐喻可以区分为根隐喻和复杂隐喻，这两种隐喻形式分别是意义生成的初级和次级机制。在意义生成的认知活动中，根隐喻通过身体感官运动能力的主观体验向其他领域映射或者投射意义，或者说从原初域向目标域投射意义，这是意义生成的初级机制。

复杂隐喻则是在此基础上，通过对各种根隐喻的组合，从而形成更为复杂和抽象的概念及其意义，这是意义生成的次级机制。例如，语句"有目标的生活就是旅行"体现了一个复杂隐喻，而这个复杂隐喻则是通过根隐喻的组合而形成的，即"生活"与"旅行"这两个不同领域的概念和认知通过隐喻而发生意义映射。所有复杂和抽象的概念、命题等语言意义都是隐喻投射机制的作用结果，按照拉科夫和约翰逊所说，"我们最重要的抽象概念，从爱、因果关系到道德性，都是通过复杂隐喻被概念化的。这些隐喻是这些概念的本质构成，并且如果没有这些隐喻，那么这些概念就只剩下骨架从而被剥夺了几乎所有的概念和推理结构"[24], 73。

第八章

涉身认知与社会认知

社会认知（social cognition）是人类的一种高级和复杂智能表现形式。哲学领域中的交互主体性问题可以视为社会认知的重要理论基础。在认知神经科学和发展心理学等当代涉身认知领域出现了一些新的研究成果，这些新成果推动了人们对于社会认知的研究，出现了一种涉身的社会认知（embodied social cognition，ESC）研究进路。

情感与移情的涉身解释

情感（emotion）与移情问题向来是哲学和科学研究领域中的一项重要课题。鉴于情感心理现象的独特性质以及兴奋、焦虑、愤怒等各种复杂的情感表现形式，因此对情感问题的研究尤其是科学地研究情感现象始终是困难和具有挑战性的。在认知科学的发展过程中，信息加工认知理论的成功使得科学家们提出了一种关于情感的认知主义等经典研究模型。基于"心灵是一台数字计算机"的隐喻，经典认知的情感理论模型主张，各种感官模块获取的信息首先以抽象符号的形式储存于记忆中，这些符号信息独立于产生它们的生理神经系统基础，而情感等相关心理活动则是这些感官信息的进一步加工活动。经典认知模型对情感的研究，不仅没有体现出情感与知觉等其他心理活动的独特差异，而且容易使得情感成为另一种形式的抽象性认知活动。

情感的涉身解释

涉身认知科学的发展使得人们可能在情感研究中引入一种涉身认知的新理论框架，从而更可能从身体与情境互动的物理层面为情感的独特性质提供一种新的解释。

在涉身认知理论家们看来，情感体验不等于某种信息的抽象加工，情感活动一定涉及身体生理、身体体验和身体运动等整合因素。例如，对于一只咆哮的熊，人们会产生一定的情感刺激，例如产生看、听和害怕等意识活动，而这一意识活动的产生一定涉及神经活动、身体活动等状态的整合。人们感官、运动和情感系统模块中的神经元团块的紧密连接及其激活，支撑着对于熊的各种情感体验，并且在此后的过程中，同一系统中神经元模式通过层叠式地推进，从而使得原有的情感体验得以再现和加强（参见图 8.1）。图 8.1 的左边表示人们当直接知觉到咆哮的熊的时候，相应的视觉、听觉和情感系统神经元团块被激活从而产生诸如害怕等情感体验。而图的右边则表示，当人们通过回忆等机制再现熊的咆哮时，原来的那些视觉、听觉和情感系统的神经元团块状态可能再次被重新激活，从而产生相应的情感体验。这种基于人的身体体验、神经元系统等涉身生理基础来理解情感生成的理论被称为一种涉身情感（Embodied emotion）理论。

认知科学家们通过研究还表明，除了感官运动系统和其他神经元等生理层面的作用之外，人们面部表情和身体姿势也会诱发情感乃至影响情感信息的加工。例如，尼丹瑟（Paula Niedenthal）通过几个认知科学实验试图说明面部表情和身体姿势对于情感的作用。实验一：让两位受试者做出一种工作时的标准姿势，即背部挺直而肩部向后并抬高，此后告诉受试者成功通过了这次测试。其中日常保持懒散姿势的受试者听到这个好消息并没有表现出更多的兴奋，甚至还报告说此时的心情较差，而日常保持标准姿势的受试者则心情不错。实验二：实验者在电脑屏幕上展示能够典型引起积极和消极情绪的不同图片，当图片出现的时候，实验者要求被试者通过快速移动控制杆做出指示。其中，部分被试者被要求向身体外部移动控制杆，另一部分被试者则被要求向自身怀里拉控制杆。实验结果表明，向身体外部拉控制杆的被试者对于引起消极性情绪的图片反应更快，而向自身怀里拉控制杆的被试者对于引起积极性情绪的图片反应则更迅速。实验三：假装让被试者去研究不同耳机的功能，要求被试者通过点

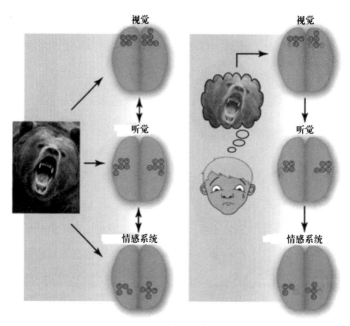

图 8.1　情感的涉身基础

头来表示同意，通过摇头来表示不同意。当他们通过这两种动作来"测试"耳机的时候，实验者将一支钢笔放到他们面前的桌子上供其使用。此时，另一位实验者取来一支新笔给他们，点头的被试者更愿意选择用过的那支笔，而一直摇头的被试者则更愿意选择那支新笔。通过上述实验，尼丹瑟（Paula Niedenthal）分析指出，情感的身体表达与情感信息的理解方式之间应当存在着一种互动关系，或者说，诸如身体姿势等人类身体参与了人类主观态度和偏好的产生与使用。具体而言，当个体接收到某种特定的身体姿势，他们会报告体验到了相关的情感；当个体接收到了某种面部表情或者可以产生情绪的肢体语言时，他们的偏好和态度将会受到影响；当个体的身体运动受到抑制的时候，他们的情绪与情感信息加工也会受到干扰。[77] 总之，涉身的情感理论表明，人们的面部表情和身体姿势等与某种特定情感的产生有着某种直接的关联。

移情的涉身解释

"移情"与"情感"相关，二者都是某种情感现象，并且都是区别于人类理性认识能力的独特心理现象。同时，二者也有区别，"移情"主要涉及人与人之间的情感交流，它主要体现为一种社会认知现象，而"情感"则主要涉及个人的独特心理体验。如同情感现象，移情也受到当代哲学家和科学家的关注，并且出现了基于涉身认知的涉身移情理论。

西方哲学史上很早就出现了关于移情问题的研究。亚当·斯密等英国道德哲学家和经济学家提出了人们理解他人的这种移情能力并对此进行了初步探讨。19 世纪后半期的心理学领域也开始关注移情问题，例如，德国心理学家和现象学家利普斯（Theodor Lipps）将移情理解为一种情绪、感受和思想的内在模仿。现象学家胡塞尔进一步发展了移情概念，将移情视为构建客观世界的个体之间存在的一种"共享体验"，并且胡塞尔还指出，自我和他人的身体是这种共享体验的原初装置，这就触及了涉身移情的理论。胡塞尔的学生斯坦因（Edith Stein）在《关于移情问题》（On the Problem of Empathy）一书中进一步指出，移情并不是简单地理解他人的情感，其更根本意义在于自我和他人通过一种共同行为体验而达成的结合。梅洛 – 庞蒂更明确说明了涉身的移情理解，即人机之间的移情不依赖于视觉表征等为基础的认知活动，而是依赖于与行为相关的感官 – 运动系统活动。

20 世纪 90 年代以来，镜像神经元（mirror neuron）的发现在科学上进一步推动了涉身认知的移情理论研究。20 世纪 90 年代初，意大利帕尔马大学的一个研究小组意外发现，在短尾猿猴的大脑皮层的前运动部位以及人类的大脑皮层前运动部位前侧的 F5 区以及布洛卡区存在着一种镜像神经元。当这些猴子有目的地做出某种动作时，其大脑中的这种神经元就会处于激活状态，而且当这只猴子看到同伴做出同样动作的时候，这些神经元也会被激活。由于这种神经细胞能够直接在观察者的大脑中映射别人的动作，这种作用就像一面镜子，因此被研究者们称为镜像神经元（见图8.2）。研究小组在进一步的研究中还发现，这种镜像神经元的分布十分广泛，在两个大脑半球的重要区域都有分布，例如视听镜像神经元等等。此后，研究者们又对人类大脑中是否也存在镜像神经系统进行了研究，他们借助检测运动皮质活性变化的技术设计了一系列实验，的确证实了人脑中镜像神经系统的存在。

图 8.2　镜像神经元

镜像神经元的科学发现也被用于解释移情等人际情感交流，这进一步强化了涉身的移情理论。也就是说，镜像神经元可能是理解社会认知的神经生理学基础，是人机之间理解他人行为、意图或情感的生理基础，这种镜像机制或许是人与人之间进行多层面交流与联系的桥梁。假设存在这样一个生活场景：小军看见小梅的手伸向一朵花，小军知道小梅要摘花，可是不知道小梅为什么这样做？小梅朝着小军莞尔一笑，小军明白小梅可能要把这朵花送给自己。在这个转瞬即逝的生活场景中，小军能立即领会小梅的意图，那么为什么小军能不费力地理解小梅的行为和意图呢？按照经典认知科学理论家们的观点，人们对他人意图的理解是通过一个类似于逻辑推理的快速推理过程完成的，也就是说，小军大脑中的复杂认知结构通过详尽分析感官所采集到的信息，然后将这些信息与先前储存的经历加以比较，从而就理解了小梅的行为和意图。然而，镜像神经元的研究者们则指出，在某人行为难以理解等特定情况下，这种复杂的推理过程或许确实存在，但是当人们看到某些简单行为而迅速作出判断的时候，这似乎意味着存在更直接的理解机制，而镜像神经元系统似乎就充当了这一功能机制。正是由于镜像神经元的作用，人们可以不假思索地理解他人的意图与行为，而不需要通过复杂的推理过程。小军之所以能够领会小梅的行为，这是因为小梅的动作不仅发生在他眼前，而且也在他的大脑中进行着实时模仿，也就是说，人类大脑中的镜像神经元在自己做出动作和看到别人做出同样动作的时候都被激活，而镜像神经元的这种激活正是人们理解他人意图和行为的涉身基础。

镜像神经元的研究者们进一步指出，镜像神经元能够将基本的肌肉运动与复杂的动作意图对应起来，从而构建起一张巨大的动作－意图网络，由此个体不需要通过复杂的认知系统就能直截了当地理解其他个体的行为。此外，镜像神经元不仅能帮助人们理解他人的意图，而且在人类的社会生活中，镜像系统能够让人们在理解他人行为的同时也能理解他人的感受，或者说镜像系统也是移情现象的涉身基础。在经典认知科学研究看来，当观察者看到他人表现出的某种情绪状态时，他首先会对这些感官信息进行分析，然后通过逻辑推理推断出别人的感受，从而貌似完成了"移情"。不过，在镜像神经元研究者看来，经典认知科学对于"移情"的解释表明，观察者只是推断出了别人的感受，他们实际上无法体验对方的这种感受，也就是说根本没有实现"移情"。在镜像神经元的研究者看来，观察者获得关于对方情绪的感官信息之后，他们基于这些信息投射到自身的镜像神经元结构上，从而直接创造出类似的情绪体验。

在镜像神经元的移情研究中，观察者不是通过推理而是通过自身机制直接体验到这种感受，也就是说镜像神经元机制使观察者产生了同样的情绪状态。例如，镜像神经元研究者通过功能性磁共振成像技术对厌恶情绪的移情进行了研究，结果发现，被试者看到他人脸上的厌恶表情引发相应的厌恶情绪的时候，二人都激活了大脑中相同的神经结构。也就是说，当被试者经历某种情绪或者看到别人表现出这种情绪时，他们大脑中的镜像神经元都被激活，观察者与被观察者经历了同样的神经生理反应从而启动了一种"移情"的直接体验。对于镜像神经元的研究者来说，镜像神经元的激活使人们在看到别人的表情或者情感状态的时候同样能体验到他人的真实感受，它们的作用首次为人际关系的形成提供了神经科学基础，这些人际关系可能形成更加复杂的社会行为。[78]

当然，移情的涉身解释仍然有待于进一步发展，即使目前已经确认情感的涉身神经机制中镜像神经元发挥着重要作用，但由于镜像神经元研究自身还有待于发展，诸如镜像神经元的定位等问题依旧存在争议，因此关于移情的涉身科学研究也并不稳固，涉身移情的研究也有待于人们提出更为充分的理论构架。

基于身体的交互主体性哲学

在西方哲学史上，以笛卡尔、康德和黑格尔等为代表的理性主义一直支配着交互主体性的研究。正如梅洛－庞蒂所指出的，理性主义依赖于某种普遍的意识，从而使得诸如"皮埃尔的意识"和"保尔的意识"等个体意识统一起来，最终完成了一种先验主义、设计主义、抽象主义的交互主体性。正是在对理性主义的现代反思过程中，以多元性、交互性、原初性、非理性为特征的交互主体性理论成为现代西方哲学中交互主体性研究的一种理论趋势。涉身的交互主体性思想正是在这一背景下产生的。

在对客观主义和理性主义交互主体性思想的反思过程中，现象学运动中出现了一种基于身体交互的原初交互主体性思想。基于身体交互的交互主体观，尽管承认主体之间的交互作用存在着一种理性关系，不过主体之间的交互更根本地依赖于一种非理性关联。在胡塞尔所提出的"动感"思想基础上，梅洛－庞蒂系统提出了一种基于身体交互的交互主体性思想。梅洛－庞蒂不仅用身体意向性（bodily intentionality）概念重新诠释了主体与外部世界之间的认识关系，而且进一步通过身体性的交互主体性（bodily intersubjectivity）观念替代了传统的意识交互主体性。也就是说，在与他人的社会互动关系中，更为根本的是，通过我的身体产生了对他人身体的知觉，同时通过他人的身体产生了对我自身身体的知觉，我与他人的这种身体性共在才是主体交互的原初存在。正是在这个意义上，梅洛－庞蒂推进了胡塞尔的交互主体性观念，"梅洛－庞蒂在他人问题上的思考是对胡塞尔后期相关思想的一种去理智化或去笛卡尔主义化，他力图把胡塞尔的主体间性理论从意识间性转变为身体间性"[73], 85。对此，加拉格尔也针对梅洛－庞蒂等现象学的思想指出，"我们最初和通常的在世方式是一种实践的互动（也就是一种行动、介入或者基于环境因素的互动），而不是心理主义或者概念式的沉思（基于心理内容的解释或者预知）"[76], 212。

涉身的交互主体性思想主张，交互主体性本质上是身体行动的相互作用，而非基于抽象意识的相互认知。交互主体性的实质载体是现实的身体，而非某种普遍意识。涉身交互主体性思想的产生，不仅基于胡塞尔、海德格尔、萨特以及梅洛－庞蒂等现象学家对交互主体性思想的推动，而且更直接受到当代认知科学中的涉身认知研究框架的影响。例如，镜像神经元的研究就有力地佐证了基于身体的交互主体性的思想。针对镜像神经元的科学研究成果，加拉格尔指出，"镜像神经元最有趣的事情是，它们不只是涉及个人身体，而是涉及梅洛－庞蒂所说的肉体交互性（intercorporality），即一个人的身体如何与另一个人的身体相关"[79]。

在当代哲学家的视野中，关于涉身的交互主体性的理解还有待深入探讨。例如，在扎哈维看来，基于身体行为的交互主体性不能将身体理解为单纯的生理身体，而应理解为某种心化身体（minded body）。扎哈维认为，这种缺乏心理属性的身体依然是某种行为主义者或笛卡尔主义的观点，交互主体性的身体基础仅只是某种物理属性及其变化，这就导致人们不能认识到身体行为的真实本质，并且产生了一种将心灵视为头脑中存在的内在事件的错误心灵观念。总之，基于身体的交互主体性决不能将身体等同于无生命的东西，而应当将身体及其行为理解为一种活的的东西或者说理解为身体主体。[80] 此外，加拉格尔也深入讨论了涉身的交互主体性理论。在他看来，非涉身交互主体性理论都预先假设存在一个笛卡尔主义的内在心灵，人与人之间的互动基于某种对他人心灵的知识。涉身交互主体性理论框架则主张，对他人的理解不是基于某种理论知识，而是基于某种互动性的涉身实践。[76], 208 具体来说，涉身的交互主体性表明，主体交互原初是一种身体读解（body-reading）而非一种心灵读解（mind-reading）。不过，更充分说明交互主体性的互动理论，这不是要否定基于知识的交互主体性，而是将基于知识的交互主体性或者理论交互主体性视为一个重要层次，同时将作为基于身体的交互主体性视为前理论的、原初的交互主体性，而理论的交互主体性只是对身体交互主体性的反思结果，是身体交互主体性的附属产品而已。

涉身交互主体观念体现了现代哲学从基于意识的交互主体性向基于身体行动的交互主体性的一种转换和拓展。与西方交互主体性的哲学发展相适应，当代心理学、生理学与人工智能等认知科学中也在社会认知领域出现了一种基于身体行动的交互主体性研究探索。

社会认知的涉身解释

涉身交互的主体观念得到了当代认知科学诸多领域的经验支持，例如在神经生理学和儿童发展心理学等领域。进而，在关于涉身交互的哲学和科学研究的基础上，人们初步探索了一些关于社会认知涉身解释的整合理论。

涉身社会认知的经验支撑

1. 神经生理学研究

镜像神经元是当代认知神经科学领域中的新发现，认知科学理论家将这一发现用于解释人类社会认知的生成。

作为镜像神经元发现者之一的加莱塞（Vittorio Gallese）就探索了镜像神经元与社会认同（Social identification）之间的关联。在加莱塞看来，社会认同是所有社会性物种的核心概念[81]。人们天生生活于一种交互主体的空间中，而社会认同则是将人与人之间的行动、感受、情感和情绪整合起来的纽带。而镜像神经元和人类大脑中其他镜像机制的发现则表明，社会认同的基础正是这些共享神经环路的激活。概而言之，镜像神经元就是社会认同的神经基底。依据镜像神经元及其机制的发现，社会认同和人际互动的理解不再仅仅依赖视觉和内在思维的分析，而更需要考虑镜像神经元等特定神经系统的功能。当然，镜像神经元并非某种"魔力细胞"，它们对于社会认同的形成还依赖于它们与大脑其他区域的功能整合，尤其在于与运动系统的整合。正是基于镜像神经元与其他运动系统的整合，镜像神经元才具有了社会整合功能，从而推动了自我与他人之间的社会互动。进一步说，作为社会认同活动中重要构成的行为意向（Action Intention）也决定于镜像神经元的作用。在人类社会互动中，人们在理解他人时需要明白他人的行为意向，按照经典认知科学的理论主张，人们在理解他人的行为意向时需要假定他人具有内在心理状态，并且通过这种内在心理状态来解释他人的行为意向。但是在镜像神经元研究者看来，从人类发展史和发生学上看，人们之所以能够理解他人的行为意向，可能存在着一种更加根本的功能机制，这种功能机制可能就在于包含镜像神经元的大脑皮层中存在的一种前运动神经回路活动。

镜像神经元的发现为涉身交互主体性提供了神经生理学基础，这也是人们了解他人意图、行为的根源。在镜像神经元研究者看来，镜像神经元产生人与人之间的互动可能还需要一种涉身模拟（embodied simulation）的机制，或者说以镜像神经元为核心的神经基底是通过涉身模拟这一功能机制实现社会认知的。涉身模拟与依赖内在表征的模拟理论不同，后者通过假设他人的心理状态去命题式地理解他人的行为，与此不同，涉身模拟是一种前理性的、非内省的、前语言、非表征的功能过程，涉身模拟反对通过符号表征的命题态度来理解人与人之间关系。涉身模拟不同于读心的模拟理论，当人们看到他人的意向行为时，涉身模拟会产生某种特定的"意向协调"状态，这种状态反过来产生一种对他人的特定认同，意向协调是通过人们与他人行为和感受基础的神经系统的激活实现的。在这一激活过程中，与行为、情绪和感觉相连的身体内在的非语言"表征"在人们内部得以唤醒，这似乎就像人们与他人一样也实施着相同的行为或者体验着类似的情绪或感觉，从而最终产生了人们与他人的社会认同。在加莱塞看来，涉身模拟机制中的"表征"不是经典认知科学主张的符号表征，而是某种特殊类型的表征，这种表征的内容是前语言和前理论性的，并且源于人们身体系统与他人世界之间的情境互动。涉身模拟的意向协调也不是主体与对象之间的意向关系，而是在神经层面上的镜像机制映射。[81] 涉身模拟的机制提供了一种通过镜像神经元活动来理解人与人之间互动关系的机制模型，当然这并不意味着它是产生社会认知的唯一功能机制。

2.发展心理学的研究

镜像神经元及其模拟机制为涉身交互主体性理论提供了一种经验科学说明，同样，在发展心理学领域中，关于新生儿模仿（neonate imitation）的涉身科学研究也为涉身的社会认知理论提供了一种较为有力的经验科学说明。新生儿模仿是儿童发展心理学中的一个重要研究课题，涉身认知为新生儿模仿行为提供了一种不同于经典认知的涉身解释。

新生儿模仿行为是儿童发展心理学研究中的一个课题，按照皮亚杰的观点，新生儿模仿行为也称"不可见的模仿"（invisible imitation），是儿童心理发展过程中存在的一种客观现象。所谓"不可见的模仿"，是指新生儿看不到自身身体的某些部位，同时却可以对他人相关部位的动作进行模仿，例如，新生儿看不到自己的脸，却可以模仿他人的脸部表情和动作。不过，皮亚杰认为，这种"不可见的模仿"是新生儿出生之后逐渐产生的，8–12个月之前的新生儿没有这种行为。不过，20世纪70年代以来，梅尔佐夫（Andrew N. Meltzoff）与摩尔（M. Keith Moore）等发展心理学家进行的新生儿模仿研究表明，新生儿模仿似乎是一出生就具有的能力，进一步说，新生儿可能天生就具有通过模仿和情感协调与抚养人沟通的社会生存能力。在近20年的研究中，梅尔佐夫和摩尔通过一系列实验说明新生儿具有"不可见的模仿"能力。在这些实验中，他们选择了大量正常新生儿作为被试，其中最小的仅出生42分钟，模仿的动作包括伸舌头、张嘴、努嘴和转动头部等。实验结果表明，所有这些被试新生儿都能够模仿成人的这些动作，即使是最小的被试新生儿也显示了很强的模仿效应。[82-85] 由此更进一步，大脑科学领域中的认知科学家们为这种先天的新生儿模仿理论提供了一种涉身说明。在他们看来，新生儿在大概22周的胎儿阶段就已经表现出了运动模式，而这为与意向行为的后续兼容提供了可能。如果胎儿的运动系统得到进一步发展，那么胎儿控制嘴和手的行为运动中心与接收视觉输入的大脑某些部位之间的关联也可能得到发展，或者说，胎儿的感官 – 运动神经系统得到了发展，而这种关联的发展在胎儿出生后就可能显示出新生儿模仿行为。[86]

可见，作为一种原初的社会互动，新生儿模仿行为得到了一种涉身说明，或者说，通过新生儿模仿行为的涉身说明，人类的社会互动也得到了一种涉身说明。

涉身的社会互动理论

基于认知科学不同领域中的经验研究以及涉身认知科学的不断进展，社会认知领域出现了涉身社会认知的各种不同理论解释。其中，加拉格尔结合梅尔佐夫和摩尔的研究提出了一种较为完整的涉身的社会互动理论。

在加拉格尔看来，梅尔佐夫和摩尔关于新生儿模仿行为的研究证明了一种先天的身体图式（body schema）的存在，这是诸如新生儿模仿行为等人际互动行为的根本基础。他批判了梅洛 – 庞蒂和皮亚杰的看法，即将身体图式作为儿童发展过程中后天习得的观点。梅尔佐夫与摩尔的新生儿模仿研究与此不同，其成果表明身体图式是先天存在的。加拉格尔说："如果我们接受传统观点，那么我们就会认为新生儿模仿需要一个后天发展出来的身体图式；但是，（梅尔佐夫和摩尔的）研究表明：人类一开始就具有一个原初的身体图式。新生儿出生后，这个身体图式获得了充分发展，由此，我们可以解释新生儿能够恰当地移动身体，从而对环境特别是他人的刺激做出反应；这是一个先天的身体图式，并且通过发展了的身体图式我们才得以解释新生儿做出不可见模仿的能力。"[76], 72–73 除了先天身体图式的作用外，新生儿模仿行为的完成还需要身体意象（body image）的配合。在加拉格尔看来，在新生儿模仿行为中，完好的身体图式需要结合身体意象才能完成人类最初的这种模仿认知行为。身体意象是指在新生儿模仿行为中新生儿对自身身体的一种觉知，例如在脸部动作模仿中，新生儿首先对自己看不到的脸具有一种觉知，不过，这种觉知不是通过视觉对自身身体的有意识觉知，这种觉知是一种无意识的本体感受性觉知（proprioceptive awareness）。[76], 46-47 新生儿通过本体感受性觉知形成最初的身体意象，与身体图式相比，这种身体意象则是后天形成的。这样的现象，在加拉格尔看来，新生儿模仿实验不仅表明新生儿具有一种无意识控制和协调行为的原初身体图式系统，而且表明新生儿具有一种本体感受性觉知，新生儿模仿行为正是身体图式和身体意象两者共同作用的结果。

此外，另外一些认知科学家围绕着经验科学的相关研究也阐述了一些不同的涉身的社会认知理论。例如，古德曼（Alvin Goldman）和维尼蒙（Frederique de Vignemont）提出了一种身体格式（bodily formats）的社会认知理论。[87] 身体格式的社会认知理论不同于基于身体生理解剖结构或者身体姿势活动的理解，身体格式的理论将影响社会认知的身体因素归结为某种身体表征，例如人们身体效应器官、肉体感受、情感等都可能表现为某种身体表征或者身体格式。这些不同的身体格式都参与了社会认知的形成，例如人们观察到其他人的恶心表情从而可以诱发自身的某种恶心情绪，而这种恶心情绪所涉及的身体格式可能参与了恶心情绪的移情，当然，身体格式表征的损害也会反过来妨碍了人与人之间的行动和情感的社会认知。

在涉身的社会认知理论中，巴萨罗提出了一种知觉符号系统理论。这种理论主张，身体状态以及在与知觉、行为和内省相关的大脑特定模块系统中的模拟等涉身因素参与了社会信息加工过程，这也是一种社会认知的涉身构架（Embodied Architectures）方案。这种理论的涉身构架主要聚焦于大脑特定模块系统，其中包括知觉当下处境的感官系统、与行为相关的运动系统以及与情绪、动机和认知活动的有意识体验相关的内省系统等。其基本主张是：认知表征和活动植根于认知活动的生理场域中，认知活动不是单单依赖于独立于生理基础的非模块抽象，包括概念性认知活动在内的所有认知活动都依赖于大脑特定模块系统和实际的身体状态。[88] 在巴萨罗等社会心理学家看来，这种涉身构架能够为社会认知现象提供一种新的解释。在巴萨罗看来，任何社会认知现象都存在着在线的涉身性和离线的涉身性，前者表现为对于外部现实刺激的反应，例如对他人快乐的面部表情的模仿，后者则表现为对于现实符号刺激的反应，例如大脑特定模块系统对于"快乐"语词的理解和对快乐体验的回忆。巴萨罗提出的知觉符号系统理论主张，大脑特定模块状态不仅表征着知觉、行动和内省等在线认知活动，而且也表征着记忆、语言和思想等离线认知活动。在这些社会认知现象的形成上，认知系统都运用了大脑特定模块状态的再现或模拟机制。[89]

对于理解社会认知现象来说，涉身认知理论提供了一种不同于经典认知的理论框架。当然，目前存在着各种对于涉身的社会认知理论的解释，如何结合经验科学的发展提出一种更具说服力的统合理论，这是涉身的社会认知科学研究未来所面临的重要挑战。

第九章

认知研究方法的梳理

认知科学研究的方法论是认知科学哲学领域中探讨的重要问题。综合在线智能和离线智能的理解，并且与认知科学研究的认知主义、联结主义和涉身认知纲领相应，认知科学研究的方法论至少存在着信息加工、联结主义、现象学方法以及涉身认知的自然主义等方法论主张。尤其是在意识等特定认知现象的研究上，更是出现了第一人称与第三人称视角、体验与科学实证研究方法、现象学直观与心灵哲学的论证等方法论之间的争论。

信息加工方法

信息加工的认知理论研究在理解人类智能问题上存在诸多不足，但是这并不影响此种方法在理解思维等抽象认知现象上的相对有效性。相较而言，信息加工理论的方法在理解意识等自然智能问题上受到的质疑更为强烈。

在认知科学的历史上，信息加工等传统认知理论研究方法更利于解释人类的成熟智能，尤其是倾向于研究更容易被计算和形式化的思维等反思性智能形式。艾卡尔蒂特（Barbara Von Eckardt）将信息加工认知理论所易于研究的思维等反思性智能称为"标准和典型的成人化认知"（the human adult's normal, typical cognition，简称 ANTCOG）。[90] 鉴于此，基于信息加工研究方法的认知科学研究更多注重于思维计算等活动，并且这一方法也取得了众多不菲成绩。

信息加工认知理论方法运用于在线智能研究的时候往往会出现较大的质疑。例如，对人类自然视觉的研究，信息加工认知研究框架通过表征计算主义的方式来研究视觉，并以此设计建造相应的人工视觉系统。但是，这种计算视觉（Computational vision）研究及其设计的计算视觉装置与人类真实视觉具有较大差距，尤其不能体现出人类自然视觉活动中的许多背景性和体验性特点。此外，基于信息加工理论方法设计的机器人也缺乏人类对客观对象掌控的熟练性和自然性。尽管按照这一方法所建造的机器人具有强大的搜索和计算能力的支撑，但是它们却始终更为机械和笨拙，很难达不到人类感知和运动能力的灵活性和自主性。还有，信息加工理论方法也不能很好地处理人类的自然语言研究。信息加工理论按照规则、程序及其相应的搜索活动实现语言活动，但是这并不是现实生活中人类自然语言的运用。在现实生活中，即使人们通常都不知道将要用到哪些词，但是当人们说话的时候，他们大致都知道要说些什么。一旦人们需要，就可以找到所需的词汇，能够在确切时间将词汇用在确切的地方，用确切的声音表达出确切的意思。人们不需要在每一步语言使用中都有意识地去搜索每一个词，或者有意识地检查自身的语法。如果人们的语言使用按照信息加工认知理论的方法，那么人们的交流就不可能实现，反而会出现更多的交流歧义和障碍，为人类的生活增加不堪忍受的重荷。20 世纪 80 年代，勒奈特（Douglas Lenat）[①]等人利用信息加工理论方法来实现常识语言的形式化工作，即建造了人类常识的知识库系统（Commonsense Knowledge Bases）。但是，面临自然语言的多义性，这种形式化操作产生了不可想象的计算爆炸，从而曾经一度使完全常识知识库计划的构建走入困境。

不可否认，信息加工理论方法是一种认知科学研究的重要方法，人类智能的某些表现形式可能需要这种方法，但是，对于整体智能的研究而言，我们应当正视这种方法运用的局限性。

【小资料】"通用问题求解程序"（General Problem Solver）

"通用问题求解程序"是信息加工方法的体现，或者说，"通用问题求解程序"的关键在于找到并且利用某种算法来实现问题的求解，从而基于这种算法功能实现人

[①] 勒奈特（1950– ），美国著名人工智能专家，1984 年启动了 CYC 研究计划并且担当了 CYC 有限公司的首席执行官。CYC 是 "encyclopedia" 一词的简称，这个计划的目的是为机器自动推理建立一个常识知识词汇库。不过，CYC 计划被称为人工智能发展史上最富争议的研究之一。

类"智能"。赫伯特·西蒙及其学生艾伦·纽厄尔于1956年共同开发的"通用问题求解程序"（GPS）被看作信息加工方法的标志成果。其基本思想是把人类的大脑看作与电脑相似的"处理器"，二者都能执行相同的输入－输出运算结果，这样，基于某种算法的计算机求解过程也就相应被视为人类大脑的认知过程。粗略而言，西蒙、纽厄尔和肖合作开发的"通用问题求解程序"包括三种算法：并行为主的宽度优先搜索法、串行为主的深度优先法以及分析为主启发式搜索法。西蒙和纽厄尔并不满足于仅仅让计算机程序能够正确地求解问题，而是更关心计算机程序算法及其功能实现与人的智能的比较问题，即对程序算法的推理与人对同一个问题的求解之间的比较，从而通过人工智能的计算机算法模型与心理学实验技术的结合，创立一种理论方法来精确反映和检验人类的思维活动。

大脑模拟方法

基于联结主义认知科学研究的理论框架，大脑模拟成为联结主义的重要认知研究方法。作为认知科学研究的一种重要方法，联结主义的大脑模拟方法的产生与发展更多是为了克服信息加工形式化方法的局限性。与信息加工方法的历史发展类似，联结主义也试图对在线智能和离线智能进行一种整合研究。

大脑模拟的联结主义与信息加工理论方法同根同源，但是两种方法却在其后的发展过程中更多体现了一种竞争态势。20世纪中期，联结主义就已经提出，大脑本身不存在类似数字计算机的中央逻辑处理器，也不存在所谓的表征信息的确定存储，因此，信息加工理论方法是有问题的。与之相反，大脑可以视为一种分布式的大规模互联活动，因此，利用大脑生理"联结"活动可能会更好地解决认知研究问题。1958年，计算机科学家罗森布拉特（Frank Rosenblatt）利用联结主义方法建造了能够通过神经元联结变化展现某种认知能力的"感知机"（Perceptron）。20世纪80年代，随着信息加工方法的运用中出现诸如运算爆炸等瓶颈问题，联结主义研究方法又再次得到认知科学家们的青睐，20世纪80年代认知科学家鲁梅哈特等人提出的基于神经网络的并行式分布处理研究就是具有重要影响的代表。

联结主义的大脑模拟方法，其主导思想是将认知活动视为人类生物大脑神经网络活动的模拟。从结构上看，联结主义方法设计的模型与人类大脑结构非常类似：联结主义模型的基本单元类似于大脑的神经元；单元联结的权重类似于大脑的轴突和突触；大脑和联结主义模型都有着类似的层级结构；大脑的学习活动也是通过突触权重的调节实现的；大脑与联结主义模型类似都展示为一种并行分布式的活动。在研究对象上，联结主义方法可以用于研究作为大脑功能体现的在线智能和离线智能，例如知觉、回忆、大多数语言加工、直觉推理和思维学习等都能够通过并行分布式活动加以呈现。

在实际运用上，大脑模拟的联结主义方法克服了符号计算方法对智能进行形式化处理的困难，较好地处理了传统方法所棘手的快速认知、联想记忆以及范畴概括等问题，同时也能较好地处理视觉研究、言语识别、语言学习等心理活动。例如，美国加利福尼亚大学生物学教授塞诺斯基（Terrence Sejnowski）和罗森伯格（Charles Rosenberg）设计的NETtalk（网络发音器）就是联结主义研究方法的较好运用。NETtalk的设计目的是实现机器阅读功能，具体说是为了实现机器对书面英语的阅读学习，即通过不断地接受对英文单词的正确拼读和文本的正确阅读以及持续的训练，从而使这个模型能够不断地调整其拼读来适应预先设计的教学标准。从静态的角度看，NETtalk构架的基本构成单元一共有309个，并且分成输入、输出和隐匿三个层面；其基本的联结方式则体现为每一个层面与下一个层面相联结，这种联结是一种反馈－前进的关系，即激活由输入单元开始，向前流向隐匿单元，并且继续流向输出层面。

NETtalk 采用了联结主义的表征：首先，每一个层面的单元都表征特定内容，例如输入单元中的每组 29 个单元分别表征 26 个英文字母、发音和单词边界，输出单元中的每组 26 个单元分别表征 21 个发音特征和 5 个重音和音节边界标志。其次，表征方式一方面是局部的，另一方面则是分布式的。局部表征是指每一个单元表征一个字母或者一个发音特征；分布式表征则是指单词的输入和发音不只涉及一个字母和发音特征。从动态的角度看，NETtalk 的计算可以这样实现：输入单元的激活与隐匿单元权重相乘产生隐匿单元的激活，隐匿单元的激活与输入单元相乘产生输出单元的激活。同时，从单元到系统都遵从某种联结程序，并且系统的学习和训练也遵从一定的程序。NETtalk 是联结主义的一个很成功的应用例子。这台机器能够通过网络的修复和不断的反复学习，从而"大体上正确地读出书写的文字"[91]。

模拟大脑的"结构"是指模拟各种神经元通过神经突触连接而成的复杂神经网络，区别于信息加工方法所使用的对大脑思维等的"功能"模拟，如图 9.1。

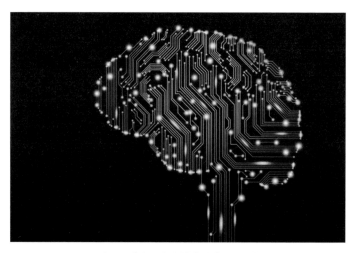

图 9.1　作为一种"结构"路线的大脑模拟

自然化现象学

　　自然化现象学是现象学哲学的一种当代发展，它得到了当代部分现象学家和认知科学家的认同。现象学由德国哲学家胡塞尔创立于 19 世纪末 20 世纪初，现象学在胡塞尔那里是反对自然主义，尤其是反对以实证主义为代表的极端科学主义，主张建立立足体验的现象学心理学，乃至建立所谓严格科学的哲学。在心理、意识和认知的研究上，胡塞尔提出"现象学还原法"，主张通过将物质和意识存在等一切预设知识或理论框架加以"悬搁"（epoché）或者"加括号"，以此将意识的原初结构本真地显现出来，从而在认识问题上修正自然主义和理性主义的立场。在扎哈维等当代现象学哲学家看来，20 世纪后期的西方哲学已经出现了从反自然主义（anti-naturalism）向自然主义转向的特点，因此，现象学的发展也必然要做出调整，从而适应这从反自然主义到自然主义的转向潮流。以扎哈维、瓦雷拉和加拉格尔等为代表的哲学家和认知科学家所认同的自然化现象学（Naturalized Phenomenology）或者现象学的自然化（Phenomenology Naturalization）正是这种理论调整和回应的表现。[80]

　　自然化的现象学哲学理论有两个基本命题：一是形而上学层面上的自然化，即一切心理现象归根结底都可以还原为生理物理现象；二是在认识论或方法论上的自然化，即一切心理现象的解释都必须还原为生理物理解释，进而一切认识都应当自然科学化。在扎哈维等人看来，以自然化现象学为代表，现象学的这种反自然主义向自然主义的转向具有两个方面的意义：一是形而上学的意义，即如果不选择自然主义就等于选择某种形式的笛卡尔主义二元论，因此，选择自然主义或者自然化是反笛卡儿主义的必然；二是哲学与实证科学之间关系的意义，即自然主义意味着一种自然科学导向，尤其意味着现象学与自然科学的结合。按照加拉格尔和扎哈维的说法，"一种自然化的现象学应当承认，它所研究的现象就是自然的构成部分，并且由此是对实证研究是开放的"[92], 30。

理解自然化现象学，尤其是理解现象学与自然科学的结合主要体现为两个方面：一是自然化现象学继承了现象学的基本目的，即现象学的目的在于描述人类的意识结构，尤其是展现出人类意识活动的本真情况；二是自然化现象学进而主张利用现代科学去解释现象学所揭示出的意识结构，体现出了与自然科学的结合。

就第一个方面来说，自然化的现象学并不试图利用自然主义等理论框架提出一种对人类意识活动的解释，它所关注的是理解和正确描述我们的意识结构或者说精神／涉身生活的真实体验结构，而这也正是"回归事实本身"这一现象学运动的主旨。例如，以视知觉研究来说，自然化现象学首先要求，对内在心灵、大脑活动或者外部刺激主导等传统视知觉理论预设加以悬隔，从而回归视知觉现象本身。加拉格尔与扎哈维如此描述："知觉意向性就是异常丰富的。就对街上汽车的视知觉而言，知觉不仅仅是接收信息，相反，知觉涉及一种理解，这种理解经常随着环境而改变。……现象学家将会主张，知觉体验嵌入于实用的、社会的和文化的场景中，并且大多数语义活动（知觉内容的形成）源自于我所遭遇的对象、安排和事件。在某一特殊场合，我可以将对象视为一种我用来达到某地的实践工具。在另一个场合，我可以将同一对象视为我必须清洁、必须出售或者出现某种故障的对象。我对汽车的视知觉方式将依赖某种处境背景，这可以通过现象学加以探究。将我的汽车视为驾驶的对象，就是将汽车视为我能爬进去的对象，就是将汽车视为能够实现运动功能定位的对象。我的知觉体验最终是由身体能力和拥有的技巧诱发的。我们已经习惯于说知觉具有表征或概念内容。但是，这种谈论方式没有能充分说明知觉体验的处境性本质。不是说我将这部汽车表征为可以驾驶的，更好的说法是，假定汽车设计、我的身体形状与行动能力以及环境状况的条件下，汽车是可以驾驶的，并且我将知觉到汽车是可以驾驶的。"[92], 7-8

就第二个方面来说，自然化现象学要求结合自然科学的方法对现象学所揭示的主体体验结构本身进行研究，并且这一过程可能体现为众多的形式和结果。扎哈维和加拉格尔等人结合当代意识研究阐述了自然化现象学所要求的现象学与自然科学的结合。在意识现象的研究上，一般存在着采用第一人称路径和第三人称路径研究方法的争论，前者如传统现象学通过主体体验来理解知觉，对于知觉活动的体验理解无须关涉大脑生理物理活动，后者如传统实证心理学等自然科学研究，研究者作为外部观察者而非体验主体，立足大脑状态及其功能机制等客观层面来解释知觉等意识活动。第一人称和第三人称路径两种方法论的区分造成了意识这一"难问题"解释上的鸿沟。自然化现象学体现了对第一人称路径与第三人称路径方法的一种重新认识。在自然化现象学看来，第一人称视角的现象学研究不能仅仅被视为一种对于主观体验的描述，尤其是不应被视为一个给定主体自身完全封闭和私人的"主观"体验，同样第三人称路径的科学解释也并不是完全客观的，它本身不是完全独立于第一人称视角的，不存在纯粹的第三人称视角。

基于上述认识，尤其是基于自然化现象学的发展，加拉格尔和扎哈维重新诠释了现象学方法，即现象学方法并不是第一人称的"主观"方法，它也是一种"客观性"的方法，或者说现象学能够使主观体验以"客观的"形式呈现出来。现象学对于主观体验结构的揭示由四个基本方面构成：一是现象学方法要求对各种理论立场的自然主义态度加以悬隔；二是现象学方法要求对体验对象和体验自身共联的意向性结构加以现象学还原；三是现象学方法要求对意向性结构加以共时与历时的本质直观；四是现象学方法要求对意向性结构本质进行一种主体间的确证（Intersubjective corroboration），以此来实现现象学对体验描述的"客观性"呈现[92], 28。这样一来，现象学的第一人称视角既是"主观的"，因为任何一种获知方式都是主观性的，同时现象学的第一人称视角又是"客观的"，因为自我与他人具有相同的获知对象方式，而所谓的第三人称视角实质上是至少两个第一人称视角的相遇，所以现象学最终将会导致一种对于认识对象的主体间性获知，而这种主体间性的获知就是"客观的"。

    作为一种研究意识等认知现象的新的方法，自然化现象学在现象学与自然科学的结合方面也存在着一些有效的探索和具体的途径。一是神经科学现象学（neurophenomenology）的探索。在瓦雷拉看来，现象学不是一种神秘的主观主义，在意识解释的方法论问题上没有必要区分第一人称和第三人称视角的解释，神经科学现象学正是在此基础上来实现现象学与自然科学的方法论综合。瓦雷拉指出，其神经科学现象学的主张不是任何特殊的现象学学派的思想，而是依据现代认知科学和聚焦人类体验的现象学哲学传统做出的现象学综合。神经科学现象学的方法试图整合三个因素：对体验的现象学分析、动态系统理论以及对生物系统的实证实验。具体来说，实验主体在实验中不依赖任何强加的理论范畴来描述自身的体验，这些现象学报告中描述的不同主体性参数联结着先于刺激活动的各种动态的神经符号，这些动态神经符号随着对刺激的行为和神经反应的变化而变化。通过这种神经科学现象学做法，现象学体验、动态系统理论以及生物学实验就被整合起来，从而用以说明意识等人类认知活动。二是形式化（formalization）的探索。形式化探索途径是将现象学分析的结果翻译成自然科学能够清晰理解的数学语言。一种充分复杂的数学能够使现象学和自然科学资料良好地转化为一种共同语言，例如动力系统数学语言就能够应用于心灵研究，这种做法能够提供一种整合现象学第一人称资料和实验科学第三人称资料的形式化解释框架。三是预装现象学（front-loaded phenomenology）的探索。这种路径的具体做法是将源于胡塞尔、梅洛－庞蒂或者神经科学现象学的现象学洞察用于指导（即所谓预装）相应实验的设计。这种预装现象学的方法并不是简单地接受胡塞尔、梅洛－庞蒂或者神经现象学给出的结论，这种途径还包括在实验设计中反过来对上述结论的检验活动。总体来说，预装现象学的途径体现了先前预装的理论洞察和为了特定实验而阐述或者扩展上述洞察之间的一种动态运动。

生物学自然主义

在当代认知科学哲学研究中，有些学者并不反对现象学及其方法在认知科学中所发挥的作用，但是在意识等认知现象的解释上，他们主张限制现象学的作用，并且支持某种新的自然主义框架。其中，塞尔就持有这种看法，并且提出了生物学自然主义（Biological naturalism）的立场来解释意识等现象。

塞尔一方面肯定了现象学对于人类体验性心理事实的揭示，但在另一方面，他认为研究这类现象的现象学方法应当要受到某种限制，尤其是现象学方法必须受到承认某种基本事实（basic facts）存在的自然主义框架的限制。在塞尔看来，现象学的作用只能在接受基本事实存在以及心灵依赖于基本事实的前提下才能发挥出来。不仅如此，现象学作用的发挥还需要受到其他一些限制，例如，现象学的作用只能以对日常体验的调查为起点，而此后日常体验的逻辑结构则需要逻辑分析等反思形式的补充；现象学对日常体验的调查还需要受到某些条件的限制，否则，现象学就不能摆脱对某些错误东西的调查。塞尔将现象学意义上所体验到的现象存在称为"现象学幻象"（Phenomenological Illusion），即未加以条件限制的现象学存在。塞尔指出，"现象学幻象"是指，现象学家往往认为，在心灵哲学研究中都认可的某种存在在现象学上却被悬隔或者假定为不真实，这些存在在现象学家所揭示的意向性活动中没有地位；同时，如果某种事情在现象学上是真实的，那么这种事情就被看作是足够真实的。[93], 323 例如，就语言意义问题而言，塞尔认为意义问题最重要的形式就是去解释言说的物理过程与语言意义之间的关系，或者说，我口中的声音气流怎样变成了一种言语行为。意义问题这种做法的实质就是如何通过基本事实的存在来解释人类意识等问题。但是，现象学并不这样看，例如胡塞尔就认为意义是强加于无意义现象的东西，海德格尔则认为所有言语的意义源于体验。塞尔认为，这些现象学的主张无视声音气流的物理事实，无视我在实施有意义言语行为的事实，无视声音气流与言语行为关系的事实，因而这些主张是错误的，而造成这一状况的原因，就在于现象学家受到现象学幻象的困扰。

在塞尔看来，自然主义是对现象学方法的必要补充，尤其是在当代心灵哲学中普遍接受物理主义的方法更是现象学方法的必要限制条件。这种自然主义补充正是当代心灵哲学中反笛卡尔二元论趋向的构成，或者说现象学方法只有纳入反笛卡尔主义的物理主义方法中去才有意义。塞尔指出，这种自然主义是指，"如果任何形式的笛卡尔主义二元论或者其他形式的形而上学二元论出现问题，那么我们怎样在一个完全无心和没有意义的蛮横物理粒子世界中理解作为有意识、意向性的、理性的、实施言语行为、伦理和自由意志活动、政治和社会性的我们自身"[93], 318。物理世界也可称为基础实在（basic reality），而意识世界则可称为人类实在（human reality），自然主义的方法就是指，基础实在的理解需要通过原子物理学、进化生物学和大脑神经生物学等自然科学理论加以描述。由此，任何现象学的方法必须肯定以下基本实在和基本事实：宇宙的基本结构是由粒子构成；我们以及所有生物系统是通过上亿年进化而来的；所有人类和动物的心理生活具有其神经生物学基础。现象学家没有认同这一立场，因而会产生现象学幻象；现象学家没有将基本事实作为思考起点，他们将人类实在视为比基本事实更根本的东西，诸如胡塞尔、梅洛－庞蒂和海德格尔等现象学家都否认基本事实的存在。此外，塞尔认为现象学方法与逻辑分析方法也存在本质上的不同，他的生物学自然主义支持的是一种分析的方法。例如，在意向性活动的分析中，塞尔所使用的是逻辑分析方法，也就是在陈述某种满足条件，就像理解一个信念必须理解这个信念成真的条件。现象学方法不同，它体现为一种对意向性结构的直观，这种直观不是获取某种满足条件。塞尔指出，"胡塞尔现象学的方法是通过直观呈现其本质结构来描述意向对象（noema）。而逻辑分析的方法则是陈述条件，即真值条件、实施条件以及构成条件等。"[93], 322

总体来说，塞尔一方面接受了现象学的思想，即承认了意向性心理现象的存在，这与其他分析哲学家是不同的。但在另一方面，在对意向性心理现象的解释方法上，塞尔坚持了一种自然主义的解释方法，这一方法与现象学的方法是不同的，这是一种物理主义的方法，是一种借助于现代生物学的方法，或者说是一种生物学自然主义的方法。塞尔指出，"不像胡塞尔使用内省和超验的方法，我的意向性观念是自然主义的。意向性是一种世界的生物学属性，它甚至基于消化和光合作用。意向性通过大脑产生并且在其中实现"[93], 322。这就是生物学自然主义，即把主体性的意识现象看作是一种生物学现象，研究意识等体验现象问题的正确途径就是把意识问题看作一个生物学问题，意识就像消化、生长和光合作用一样是一个生物学现象。一方面，意识状态由大脑神经生物活动产生并在大脑结构中得以实现，就像消化活动由胃及其他消化器官的化学活动产生并且在其中实现一样；另一方面，主观意识是一种生物学现象，但是它自身却是不可还原的，这是生物学自然主义与心脑同一理论等物理主义之间的区别。塞尔指出，"我认为应当拒斥所有这些传统范畴。我们关于世界的科学知识已经足以让我们做出结论：意识是大脑活动产生的生物学现象，并且在大脑结构中实现。意识是不可还原的，这不是因为意识是不可言传、神秘的，而是因为意识是第一人称本体现象，不能还原为第三人称本体现象。在传统哲学与科学中所犯错误的原因，在于假定如果我们拒斥二元论（我认为必须这样），我们就必须选择唯物主义。但按我的理解，唯物主义与二元论一样糊涂，唯物主义首先就否定了主体性意识的本体论存在。如果要给否定二元论和唯物主义后的这一观点一个称谓的话，那我可称之为生物学自然主义。"[58]

认知动力学方法

在反思经典认知研究的过程中，认知动力学研究方法和理论框架逐渐受到认知科学及其哲学家的重视。例如瓦雷拉、格罗布斯（G. Globus）、罗伯特森（S. Robertson）、塞伦、史密斯（Linda Smith）、伊莱斯密斯（C. Eliasmith）、冯·戈尔德和波特（R. Port）等人在一系列论著中明确提出了认知科学的动力学研究方法，并且这种研究方法甚至被升华为某种与符号主义、联结主义并列的认知科学研究新范式，即一种新的动力学范式。

认知动力学理论研究方法将动力学系统理论作为认知科学研究的重要理论工具，尤其主张用一种非线性的动态突现模型来取代经典认知科学倡导的表征计算模型。在动力学理论看来，意识活动的神经科学基础是大规模的、突现的以及时间性的大脑动态活动模式，由此非线性的动态突现理论就可以用来研究意识活动。认知的动态理论研究方法反对认知的表征计算主义纲领。例如，塞伦与史密斯在婴儿运动能力的研究方面运用了动力学方法，他们主张婴儿的运动能力依赖于神经状态、腿部生物学机制以及局部环境参数之间的复杂互动，这种观点反对表征主义的解释，即反对将儿童行走视为一种在不同遗传时间阶段上接受某种外部指导的表现。[94] 再如，戈尔德结合英国工业革命时期关于燃料自动控制器的设计，指出计算控制器方案的核心特征是对表征的依赖，而向心力控制器方案的本质属性则是非表征的，机械臂的角度与引擎速度之间的协作，不需要我们对其进行表征（形式的描述），机械臂的角度和引擎速度的协作只是一种相对于不同状态空间的实时自我调整，它们的成功运行不需要表征或解释的参与。向心力控制器方案意味着一种认知动力学理论，认知系统的活动不需要求助于复杂的数学计算。具体而言，戈尔德以动力系统理论为基础，利用状态空间、吸引子、轨迹、决定性混沌等动力学基本概念来解释认知主体的内在认知过程，用微分方程组来表达处于状态空间中的认知主体的认知轨迹。这样一来，认知就是作为认知主体所有可能的思维和行为构成的多维空间，认知主体的思维和行为以非线性微分方程加以描述，系统中的变量是随时间不断进化的，而通过对一定环境下的认知主体思维轨迹的分析就可以考察整个认知活动。

认知的动力学模型研究得到了不少认知科学家的认同。埃德尔曼在《意识的宇宙》中利用动力学方法考察了意识现象。他明确提出，意识是涌现于集群系统动力学并且是由环境激发的。在埃德尔曼看来，对意识经验有贡献的神经元集群的某个子集必须既具有高度的整体性，又具有高度的复杂性，这种子集随时间变化而变化，这种神经元集群子集被称为"动态核"，而作为意识现象基础的神经过程就发生在这种动态核上。埃德尔曼还对"动态核"的整体性和复杂性提供了两个定量指标，一个是功能簇指数（functional cluster index），另一个是神经复杂度（neural complexity），意识的产生可以通过研究这些分布在不同脑区的指标的动态变化的时空模式来理解，这系统而明确地定量刻画了作为意识基础的神经过程。[59]. 56-57 总之，埃德尔曼认为，人的意识和心智活动是在动态的达尔文过程中产生的，人类的认知活动是脑、身体与环境相互作用时通过部分神经系统的动态分布式活动实现的，意识和心智活动是大量神经活动中"胜者为王"的模式选择的结果。

总之，动力系统理论模型对人类认知行为的连续性、突现性和复杂性提供了一种随时间变化的自然主义的说明。动力系统理论方法的特点还在于，它也是一种经验可检验的理论，是一种定量的分析，是一种理解认知的确定性的研究进路。不过，动力系统理论的认知解释也包含着一些理论困难，例如动力系统模型的变量和参数如何做出恰当的选择，如何解决系统的稳定性和可靠性问题，认知动力系统模型的定量性描述的选择基于什么原则，等等，这些问题依然有待于更好地解决。

基于涉身能力的方法

涉身认知科学的发展为一种基于涉身能力的认知分析方法提供了现实基础。尤其是在对意识等认知现象的解释上，一直存在着注重体验的现象学方法和注重条件的分析方法的争论，而涉身认知科学的发展以及基于涉身能力的方法则提供了一种解决这一争论的路径。

现象学的方法注重对意识等在线认知活动的体验，而分析的方法则注重揭示意识等在线认知活动的因果条件。例如，德雷福斯认同现象学方法，认为逻辑分析方法等第三人称视角不能研究意识等第一人称视角的认知现象。而主张分析方法的塞尔等人则认为现象学方法忽略了各种心理意向状态的满足条件，逻辑分析方法恰恰可以做到这一点。例如，假设关于一辆卡车的视觉体验，现象学的方法更关注这一视觉体验本身，而忽略是否真正存在卡车这一视觉体验以及体验主体；逻辑分析的方法则是试图将这一体验建立在使我产生这一视觉体验的那辆卡车这一实在上，也就是说逻辑分析方法要揭示产生这一视觉体验的客体卡车或者主体等因果条件。分析的方法主张，如果不能揭示与我的视觉体验存在因果联系的对象，那么我的体验就是不真实的体验；而在现象学方法看来，视觉体验的揭示恰恰需要对所谓客观对象实在这一因果条件的"悬隔"才能完成。这样一来，在知觉体验或者意识等第一人称视角的认知现象上走出分析方法与现象学方法的矛盾就成为一个重要课题。

当代哲学家凯利（Sean Kelly）提供了一种消除现象学方法与分析方法对立的途径，即立足涉身能力的一种涉身认知分析方法。这一方法既是现象学意义上的，即承认第一人称视角认知现象的存在，肯定现象学方法对知觉体验的揭示，同时，这一方法也是分析的，即它试图超越对于主观和客观等传统因果条件的分析，而是聚焦于涉身认知所揭示的身体与情境等涉身能力因素。也正是在这一意义上，凯利认可逻辑学方法与分析方法的同等重要性，即单纯就方法论而言，现象学与逻辑分析在意识研究上具有同等不可替代的作用。凯利指出：由于塞尔主义的分析和德雷福斯的现象学都对第一人称视角认知现象具有某种理论的敏感性，因此两种方法都是发挥作用的哲学方法。[95] 至于造成塞尔和德雷福斯争论的原因似乎并不在方法论层面，而可能是在形而上学层面，或者说在于双方对第一人称视角认知现象的理解上存在不同。这就涉及如何理解第一人称视角认知现象的问题，而涉身认知对第一人称视角现象恰好能够提供一种新的解释，这种解释相应伴随着一种新的研究方法。在凯利看来，人类第一人称视角认知现象既不是一种纯粹的内在主观体验，同时也不是一种简单的生理物理装置的属性。第一人称视角认知现象应当被视为一种现实的能力，是逻辑分析方法和现象学方法都可以研究的自然智能。凯利将涉身认知所揭示的第一人称视角认知现象视为一种能力，这是一种涉身能力，即一种"直接针对世界做出调整的能力，针对环境的诱发因素自我马上行动的能力"，这也是一种人类的最基本能力。聚焦于人类的这种能力就能够超越现象学和分析的方法，这种能力也是主张分析方法的塞尔在汉语屋论证中关注的能力，是主张现象学方法的德雷福斯在批判传统人工智能的过程中论证的能力。[95]

与凯利的观点接近，哲学家伯姆德兹（Jose Bermudez）立足涉身认知观讨论了一种关于自我觉知（self-awareness）现象的涉身分析方法。伯姆德兹首先批判了完全依据分析哲学传统的一种自我觉知的高阶表征理论（higher-order representation）。高阶表征理论认为，一种自我觉知状态一定伴随着某种对于当下心理状态的高阶思想或者表征。按照这种自我觉知的认识，诸如卡卢瑟斯（P. Carruthers）等人就可以主张动物或者三岁以下的婴儿都不具有现象意识，因为他们缺乏高阶表征认知能力。伯姆德兹立足涉身认知思想，主张第一人称体验并不是某种高阶表征、反思、内在控制或者内省的结果，相反，存在着某种更根本的前反思、前概念的自我觉知，这些原初的自我觉知在动物乃至新生儿身上应当存在。反思的自我觉知或者高阶表征的自我觉知恰恰是次生的，一种非主题化、非对象化和前反思性的自我觉知才是更根本的，它们是反思性自我觉知之所以可能的条件。伯姆德兹对于前语言、非反思性自我觉知形式的阐述接近于现象学观点与方法。扎哈维就此指出："伯姆德兹的思想对于熟悉现象学传统的人来说不是陌生的。相反，所有这些思想以各种形式反映在胡塞尔、萨特、梅洛－庞蒂和米歇尔·亨利的思想中。"[96] 与此同时，伯姆德兹对自我觉知的研究也接近于分析的方法，即他借助于涉身认知科学的研究成果，分析了人类具有的这种前概念自我觉知形式。例如，从发展心理学角度分析，儿童早期的知觉活动具有一种对自身运动和姿态的觉知，而其中有些知觉活动涉及了非概念的自我觉知；从成人心理活动来分析，成人的肉身本体感受中也存在非概念的自我觉知形式；在人们的心理交往活动中也存在一种非概念的自我觉知。伯姆德兹通过逻辑分析的方法揭示了人们在儿童早期外部感知、本体感受以及社会互动中都存在着非反思性自我觉知，由此批评了将自我觉知视为依赖语言指称等高阶表征的传统思想。总之，伯姆德兹的自我觉知研究体现了现象学与分析方法的结合。上述研究表明，一方面现象学与诸如内格尔等分析哲学家都主张第一人称视角的认知现象具有某种独特性，另一方面，他们也都关注心理意识状态如何而来等因果问题。

伯姆德兹在自我觉知问题上的研究体现了现象学与分析方法的结合，这种结合的成果就是一种基于涉身认知的涉身自我觉知分析。伯姆德兹的前反思自我觉知思想与涉身认知科学领域中的一些研究成果相呼应。涉身的自我觉知思想，一方面认可非概念的自我觉知现象的存在，另一方面则是通过身体的感官运动能力等涉身因素完成了对非概念自我觉知的分析。例如，涉身自我觉知强调眼动、手的触摸、身体移动等身体运动在原初自我觉知中的重要性。当我们触及苹果表面时，苹果是在一种对于自身手指运动的感受中被给予的；当我们观察飞鸟时，飞鸟是在对于自身眼动的感受中被给予；当我在饭馆里想要进餐的时候，我拿起叉子，为了拿起叉子，我需要知道叉子与我自己位置的关系，即需要包含身体的自我觉知。这些例子表明了身体自我觉知的重要性，即身体的自我觉知成为对空间对象的知觉和互动的一种可能性条件。总之，现象学对自我觉知的研究注重空间性、涉身性、时间性、交互主体性等，当代分析哲学基于涉身认知科学的研究，也放弃了仅仅依赖逻辑概念分析的传统方法，转而更加关注主体性、涉身性和环境等认知因素。这就形成了一种结合现象学与分析方法的涉身认知分析方法，这种方法更加注重对前语言自我觉知形式或自我体验的身体根源、本体感受能力等因素的考察，从而初步形成了现象学与分析方法的相互助益。

结　语

　　涉身认知是一种认知科学研究的新框架，这一新框架的形成距今不过三十年左右。作为一种新的框架，涉身认知试图改变经典认知框架下对智能的笨拙解释，从而更为灵活地接近人类的真实智能。不过，涉身认知是否能够真正完整这一任务，这依然面临着挑战。

　　尽管涉身认知克服了经典认知研究的某些局限，但是涉身认知与经典框架的关系还有待于进一步界定。但是，涉身认知能够完全取代和消除传统认知研究吗？涉身认知是一种适用于所有智能形式的完整理论，抑或涉身认知可能只是认知重构系统工程的一个重要组成部分？这些问题也需要在今后的理论发展与科学实践中加以解决。就目前的状况来看，经典认知框架仍然具有强大的生命力以及实践应用性。相当多的认知科学家并没有完全放弃基于规则的表征计算这一认知主义的核心假设，并且还努力从不同的角度去修正和发展它。此外，涉身认知研究框架在自身内部还处于发展和整合过程中，例如，涉身认知表征问题上存在的分歧就使得人们很难做出涉身认知适用于所有智能形式的结论。再者，最为根本的问题在于，涉身认知对人类认知活动的重构是否真正克服了经典认知的理论困境。例如，如果说经典的人工智能研究面临着过分人工化的指责，那么能够说涉身认知框架下的人工智能就避免了智能的人工化吗？经典人工智能的问题是否依然存在呢？（参见图Ⅰ）

　　事实上，在认知科学研究中，涉身认知的框架和轮廓的确区别于经典认知并且已经逐渐清晰起来，因此，涉身认知的未来不在于维持当下的状况，而可能在于取得未来更大的理论突破。经典认知的确不能穷尽认知活动的一切解释，同样的情况也适用于涉身认知。除此之外，认知科学中的其他领域也在不断提供了理解认知的新思想和新资源。或许，未来认知科学的发展更需要一种经典框架、涉身认知以及其他思想的整合，更需要一种统合身体、情境和表征计算等多重因素的认知理论框架。至少就目前的状况来看，经典框架依然延续，涉身认知正在兴起，对人类智能的探索也正处于蓬勃发展之中，对心灵的任何反思都不是我们的终极答案。

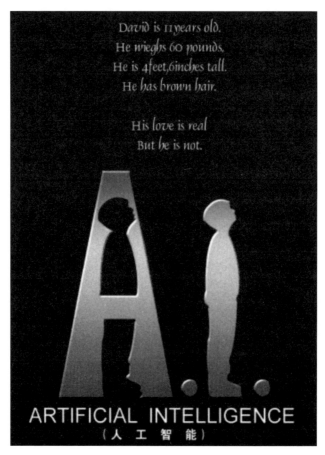

图 I 涉身认知能够实现经典人工智能研究的变革吗?

参考文献

[1] Alvin Goldman, Philosophical Applications of Cognitive Science[M]. Colorado: Westview Press, 1993. XI.

[2] 北京大学哲学系外国哲学史教研室编 , 古希腊罗马哲学 [M]. 北京 : 商务印书馆 , 1982， 181-205.

[3] 北京大学哲学系外国哲学史教研室编译 , 西方哲学原著选读 : 上卷 [M]. 北京 : 商务印书馆 , 1981.

[4] 叶浩生主编 , 心理学理论精粹 [M]. 福州 : 福建教育出版社 , 2000, 594.

[5] Chomsky, N. Review of Verbal Behavior by B.F. Skinner[J]. Language. 1959(35): 26–57.

[6] Steven Pinker. The Blank Slate: The Modern Denial of Human Nature[M]. New York: Viking Penguin, 2002, 31-39.

[7] Longuet-Higgins, H. C. Comments on the Lighthill Report and the Sutherland Reply, in Artificial Intelligence: a paper symposium[M]. Science Research Council, 1973, 35-37.

[8] Harnish, M., Mind Brains Computers: a Historical Introduction to the Foundations of Cognitive Science[M]. Malden, MA: Blackwell Publishers Inc., 2002.

[9] Von Eckardt, B. Multidisciplinarity and Cognitive Science[J]. Cognitive Science, 2001(25): 454.

[10] 塞尔 . 心、脑与科学 [M]. 杨音莱 , 译 . 上海 : 上海译文出版社 , 1991, 34.

[11] 玛格丽特 ·A· 博登 . 人工智能哲学 [M]. 刘西瑞 , 王汉琦 , 译 . 上海 : 上海译文出版社 , 2001.

[12] 萨伽德 . 认知科学导论 [M]. 朱菁 , 译 . 北京 : 中国科学技术出版社 , 1999, 8.

[13] Audi R. The Cambridge Dictionary of Philosophy[M]. Cambridge University Press, 1999, 258.

[14] 尼古拉斯 · 布宁 , 余纪元 . 西方哲学英汉对照辞典 [M]. 北京 : 人民出版社 , 2001, 293.

[15] Weiss, G&H. Haber. eds. Perspectives on Embodiment[M]. Routledge. 1999.

[16] Piaget J. The Philosophy of Mind: Classical Problem and Contemporary Issues[M]. Cambridge, Mass.: MIT press, 1992, 382.

[17] Gibson, J. The Ecological Approach to Visual Perception[M]. Lawrence Erlbaum Associates, 1986, 127.

[18] Lee、D. and Reddish, P. Plummeting gannets: a paradigm of ecological optics[J]. Nature, 1981(293): 293-294.

[19] 德雷福斯 . 计算机不能做什么 : 人工智能的极限 [M]. 宁春岩 , 译 . 北京 : 三联书店 , 1986, 240.

[20] Dreyfus, Hubert. Intelligence Without Representation-Merleau-Ponty's critique of mental representation: The relevance of phenomenology to scientific explanation[J]. Phenomenology and

the Cognitive Science, 2002 (1): 367-383.

[21] Brooks, R. Cambrian Intelligence: The Early History of the New AI[M]. Cambridge. Mass.: MIT.1999.

[22] Brooks, R. Intelligence without representation[J]. Artificial Intelligence, 1991(47): 139-159.

[23] Anderson, M. Embodied Cognition: A field guide[J]. Artificial Intelligence, 2003(149): 91-130.

[24] Lakoff, G and M. Johnson. Philosophy in the Flesh[M]. New York: Basic Books, 1999.

[25] George Lakoff, Explaining Embodied Cognition Results[J]. Topics in Cognitive Science, 2012(4): 773-785.

[26] Núñez R. Could The Future Taste Purple?[J]. Journal of Consciousness Studies, 1999(6): 41-60.

[27] McNerney, Samuel. A Brief Guide to Embodied Cognition: Why You Are Not Your Brain, Scientific American, November 4, 2011.

[28] Anderson, Michael L. Embodied Cognition: the Teenage Years[J]. Philosophical Psychology, 2006(20): 127-131.

[29] Varela, F, E. Thompson and E. Rosch. The embodied Mind: Cognitive Science and Human Experience[M]. Cambridge, Mass. : MIT. 1991.

[30] Wheeler, Michael. Reconstructing the Cognitive World[M]. Cambridge: the MIT press, 2005.

[31] Hutchins, Edwin. Cognitive Ecology[J]. Topics in Cognitive Science, 2010(2): 705-715.

[32] 黄华新 . 哲学视角中的当代认知科学 [J]. 中国社会科学报 , 2010.

[33] 姜孟 , 邬德平 . 从 " 身体 " 与 " 环境 " 看认知的 " 涉身性 "[J]. 英语研究 , 2011(4): 7.

[34] Gallagher, S. Philosophical antecedents to situated cognition. In Robbins, P. and Aydede,M. (eds). Cambridge Handbook of Situated Cognition[M]. Cambridge: Cambridge University Press, 2009. 35-53.

[35] 笛卡尔 . 第一哲学沉思集 [M]. 庞景仁 , 译 . 北京 : 商务印书馆 , 1986. 82-83, 85.

[36] Gelder, T. What Might Cognition Be, If Not Computation[J]. Journal of Philosophy, 1992(7): 345-381.

[37] Taylor, C. Merleau-Ponty and the Epistemological Picture. In Taylor, C&M. Hansen. eds. The Cambridge Companion to Merleau-Ponty[M]. Cambridge: Cambridge University Press, 2005, 27.

[38] 怀特海 . 思维方式 [M]. 刘放桐 , 译 . 北京 : 商务印书馆 , 2004. 135.

[39] 杜威 . 哲学的改造 [M]. 许崇清 , 译 . 北京 : 商务印书馆 , 1958. 46.

[40] 维特根斯坦 . 哲学研究 [M]. 李步楼 , 译 . 北京 : 商务印书馆 , 1996.

[41] 施皮格伯格 . 现象学运动 [M]. 王炳文 , 张金言 , 译 . 北京 : 商务印书馆 , 1995. 10.

[42] 梅洛 - 庞蒂 . 知觉现象学 [M]. 姜志辉 , 译 . 北京 : 商务印书馆 , 2001. 5.

[43] 胡塞尔 . 生活世界现象学 [M]. 黑尔德 , 编 , 倪梁康 , 张廷国 , 译 . 上海 : 上海译文出版社 , 2005. 16.

[44] 梅洛 - 庞蒂 . 眼与心 —— 梅洛 - 庞蒂现象学美学文集 [M]. 刘韵涵 , 译 , 北京 : 中国社会科学出版社 , 1992. 129.

[45] 海德格尔 . 存在与时间 [M]. 陈嘉映 , 王庆节 , 译 . 北京 : 生活 · 读书 · 新知三联书店 , 1999. 81.

[46] 张祥龙 . 海德格尔思想与中国天道 —— 终极视域的开启与交融 [M]. 北京 : 生活 · 读书 · 新知三联书店 , 1996. 97.

[47] Clark, A. Embodiment and the Philosophy of Mind. In O' Hear. eds. Current Issues in Philosophy of Mind[M]. Cambridge: Cambridge University Press, 1998.

[48] Marito Sato. The Incarnation of Consciousness and the Carnalization of the World in Merleau-Ponty's Philosophy[J]. Immersing in the Concrete: Analecta Husserliana, 1998(58): 3-15.

[49] Merleau-Ponty. M. Phenomenology of Perception.trans.C.Smith[M]. London: Routledge & Kegan Paul, 1962. 139.

[50] Dreyfus, H. Merleau-Ponty and Recent Cognitive Science. In Taylor, C&M. Hansen. eds. The Cambridge Companion to Merleau-Ponty[M]. Cambridge: Cambridge University Press, 2005. 129.

[51] 扎哈维 . 同感、具身和人际理解 : 从里普斯到舒茨 [J]. 陈文凯 , 译 . 世界哲学 , 2010(1).

[52] Thompson, E and F. Varela. Radical embodiment: neural dynamics and consciousness[J]. Trends in cognitive science, 2001(5): 418-425.

[53] 梅洛 - 庞蒂 . 行为的结构 [M]. 杨大春 , 张尧均 , 译 . 北京 : 商务印书馆 , 2005. 27.

[54] Ballard, D. Animate vision[J]. Artificial Intelligence, 1991 (48): 57-86.

[55] O' Regan, J. K., and A. Noë. What it is like to see: A sensorimotor theory of perceptual experience[J]. Synthese, 2002(29): 79-103.

[56] Noë, Alva. Is the Visual World a Grand Illusion?[J]. Journal of Consciousness Studies, 2002(9): 1-12.

[57] Taylor, C. The Validity of Transcendental Arguments[J]. Proceedings of the Aristotelian Society, 1978-1979 (79): 154.

[58] Searle, John. Consciousness [J]. Annual Review of Neuroscience, 2000(23): 557-578.

[59] 杰拉尔德 · 埃德尔曼 , 朱利欧 · 托诺尼 . 意识的宇宙 [M]. 顾凡及 , 译 . 上海 : 上海科学技术出版社 , 2004.

[60] 克里克 . 惊人的假说 —— 灵魂的科学探索 [M]. 汪云九 , 等译 . 长沙 : 湖南科学技术出版社 , 2004.

[61] Searle, J. Consciousness and Language[M]. Cambridge: Cambridge University Press, 2002. 47-48.

[62] 高新民 , 储昭华主编 . 心灵哲学 [M]. 北京 : 商务印书馆 , 2002. 86.

[63] Nagel, T. What Is It Like to Be a Bat. In Block[M]. N. eds. Readings in Philosophy of Psychology.

London: Methuen. 1980. 166.

[64] Pfeifer, R. & Fumiya Iida. Embodied Artificial Intelligence: Trend and Challenges[J]. Lecture Notes in Computer Science, 2004(3139): 1-26.

[65] Prinz, Jesse. Is Consciousness Embodied? [M]. In P. Robbins and. M. Aydede (Eds.) Cambridge Handbook of Situated Cognition. Cambridge: Cambridge University Press, 2008.

[66] Mark Rowlands. The new science of the mind: From extended mind to embodied phenomenology [M]. Cambridge, Mass.: MIT Press, 2010, 51.

[67] 帕斯卡尔 . 思想录 [M]. 何兆武译 . 北京 : 商务印书馆 , 1963. 179.

[68] 彭罗斯 , 等著 . 宇宙、量子和人脑 [M]. 李宁 , 等译 . 北京 : 中国对外翻译出版公司 , 1999. 104.

[69] Barsalou, Lawrence. W. Grounded Cognition[J]. Annu. Rev. Psychol, 2008(59): 617-645.

[70] Mahon, Bradford Z. Alfonso Caramazza, A critical look at the embodied cognition hypothesis and a new proposal for grounding conceptual content [J]. Journal of Physiology – Paris, 2008(102): 59-70.

[71] Borghi, Anna M. Diane Pecher, Introduction to the special topic Embodied and Grounded Cognition [J]. Frontiers in Psychology, 2011(2): 1-3.

[72] Thelen, Esther. Gregor Schöner, Christian Scheier, Linda B. Smith, The dynamics of embodiment: A field theory of infant perseverative reaching [J]. Behavioral and Brain Science, 2001(24): 1-86.

[73] 杨大春著 . 杨大春讲梅洛 - 庞蒂 [M]. 北京 : 北京大学出版社 , 2005.

[74] Johnson, M. The Body In the Mind: The Bodily Basis of Meaning, Imagination, and Reason [M]. Chicago: University of Chicago Press, 1987.

[75] Johnson, M. Merleau-Ponty's Embodied Semantics-From Immanent Meaning, to Gesture, to Language [J]. Euramerica, 2006(1):1-27.

[76] Gallagher, Shaun. How the Body Shape the Mind[M]. Oxford: Oxford University Press, 2005.

[77] Niedenthal, Paula M. Embodying Emotion [J]. Science, 2007(316): 1002-1005.

[78] 里佐拉蒂、福加希、加莱塞著，"镜像神经元：大脑中的魔镜"，赵瑾译，《环球科学》 2006(12).

[79] Ramsoy, Thomas.An interview with Shaun Gallagher on How the body shapes the mind.Science and Consciousness Review. http://www.geocities.com/science_consciousness_review. 19-Jan-2006.

[80] Zahavi, Dan. Phenomenology and the project of naturalization [J]. Phenomenology and the Cognitive Sciences, 2004(3): 339.

[81] Gallese, Vittorio, Mirror Neurons, Embodied Simulation, and the Neural Basis of Social Identification [J]. Psychoanalytic Dialogues, 2009(19): 519-536.

[82] Meltzoff, A. and M.Moore, Imitation of facial and manual gestures by human neonates [J]. Science, 1977(198): 75-78.

[83] Meltzoff, A. and M.Moore, Newborn infants imitate adult facial gestures [J]. Child Development, 1983(54): 702-709.

[84] Meltzoff, A.and M.Moore, Imitation in newborn infants:Exploring the range of gestures imitated and the underlying mechanisms [J]. Developmental Psychology, 1989(25): 954-962.

[85] Meltzoff, A. and M.Moore, Imitation, memory, and the representation of persons [J]. Infant Behavior and Development, 1994(17): 83-89.

[86] Zoia, S., Blason, L., D'Ottavio, G., Bulgheroni, M., Pezzetta, E., Scabar, A., et al. Evidence of early development of action planning in the human foetus: a kinematic study [J]. Experimental Brain Research, 2007(176): 217-226.

[87] Goldman, Alvin. Frederique de Vignemont. Is social cognition embodied? [J]. Trends in Cognitive Sciences, 2009(4): 154-159.

[88] Niedenthal, Paula M. Lawrence W. Barsalou, Piotr Winkielman, Silvia Krauth-Gruber and François Ric, Embodiment in Attitudes, Social Perception, and Emotion [J]. Personality and Social Psychology Review, 2005(3): 184-211.

[89] Barsalou, L. W., Niedenthal, P. M., Barbey, A. K., & Ruppert, J. A. Social embodiment. In B. H. Ross (Ed.), The psychology of learning and motivation [M]. San Diego, CA: Academic Press, 2003(43): 43-92.

[90] Eckardt, B. V. What is Cognitive Science?[M]. Cambridge: MIT press. 1993, 6.

[91] 潘笃武著. 电脑能胜过人脑吗 [M]. 上海：华东师范大学出版社. 2003. 152.

[92] Gallagher, Shaun, Dan Zahavi. The Phenomenological Mind: An Introduction to Philosophy of Mind and Cognitive Science [M]. London: Routledge, 2008.

[93] Searle, John. The Phenomenological Illusion [J]. Waste Management. 2014.07.002.

[94] Thelen, E. and Smith, L. A Dynamic Systems Approach to the Development of Cognition and Action [M]. Cambridge, Mass.: MIT Press, 1994, 113.

[95] Kelly, Sean.Closing the Gap:Phenomenology and Logical Analysis [J]. Harvard Review of Philosophy. 2005(2): 22.

[96] Zahavi, Dan. First-person thoughts and embodied self-awareness: Some reflections on the relation between recent analytical philosophy and phenomenology [J]. Phenomenology and the Cognitive Sciences, 2002(1): 12-13.